AF845864

Die wirthschaftliche

Eintheilung der Forsten

mit besonderer

Berücksichtigung des Gebirges

in Verbindung mit der

Wegenetzlegung.

Von

Otto Kaiser,

Regierungs- und Forstrath a. D.

Mit 30 Textfiguren, 10 lithogr. Tafeln und 4 Karten.

Springer-Verlag Berlin Heidelberg GmbH
1902

Alle Rechte, insbesondere das der Uebersetzung in fremde Sprachen, vorbehalten.

ISBN 978-3-642-89923-2 ISBN 978-3-642-91780-6 (eBook)
DOI 10.1007/978-3-642-91780-6

Vorwort.

Für jede Bodenwirthschaft ist die Zerlegung der ihr zugewiesenen Fläche in zweckentsprechende Theile das erste Bedürfniß.

An der Art und Weise der Flächen-Abgrenzung und Eintheilung erkennt man die Stufe, welche eine Bodenwirthschaft erreicht hat.

Im Landwirthschaftsbetriebe wird in den Gegenden mit fortgeschrittener Bodenpflege schon lange auf die regelrechte Abgrenzung der einzelnen Kulturarten und auf ihre Eintheilung großes Gewicht gelegt.

Im Forsthaushalt ist die Frage der wirthschaftlichen Abgrenzung und Eintheilung noch in der Entwicklung begriffen, der Werth einer regelrechten Ausführung wird noch nicht allgemein anerkannt.

Der Verfasser, welcher in diesem Zweige seines Faches 45 Jahre thätig war, will das von ihm im gebirgigen Waldlande ausgebildete Eintheilungsverfahren in einer Darstellung niederlegen, welche alle einzelnen Ermittelungen und Ausführungen der Reihenfolge nach eingehend behandelt, damit der junge Fachgenosse, welcher sich ohne sachgemäße Ausbildung mit dieser Aufgabe befassen soll, in alles während der Arbeit erforderliche Denken, Thun und Lassen an der Hand eines Beispieles eingeführt werden kann.

Ohne ein derartiges Beispiel ist die Darstellung weniger leicht verständlich. Der Anfänger, welcher sich für solche Ausführungen ausbilden will, gelangt auch eher zum Ziele, wenn ihm die verschiedenen Arbeiten bildlich vor Augen geführt werden oder wenn er sich an der Hand eines Beispieles örtlich unterrichten kann.

Mein Eintheilungsverfahren gliedert sich in zwei zunächst getrennte, im Ganzen aber innig verbundene Aufgaben:

1. die Wegenetzlegung und
2. die auf ein regelrechtes Wegenetz gegründete wirthschaftliche Eintheilung.

Mich leitet der von mir aufgestellte Grundsatz[1]):

„Die Wegenetzlegung und die wirthschaftliche Eintheilung sind
„in Gebirgsforsten eine unzertrennbare forstliche Aufgabe."

Die Erfahrung lehrt, daß jede Waldeintheilung, auch die scheinbar beste, wenn sie nicht auf einem regelrechten, bezw. annehmbaren Wegenetz ruht, den Keim der Unhaltbarkeit in sich trägt.

Zur Lösung der beiden Aufgaben ist im gebirgigen Waldlande zunächst die Oberflächenausformung des gegebenen Arbeitsfeldes festzustellen. Liegen von diesem Arbeitsfelde Karten mit guten Höhenschichtenlinien vor (die Umringlinien gleichweit von einander entfernt und wagerecht gedachter Schichten der Berggebilde), dann ist ein gutes Stück Arbeit erspart, es erübrigt dann noch das Lesen solcher Karten zu erlernen. Hierfür übt man sich am besten, indem man die verschiedenen Geländeausformungen an der Hand solcher Karten örtlich begeht.

Unter dem „Lesen" einer derartigen Karte versteht man die Fähigkeit beim Anblick der Höhenschichtenlinien die Körperformen der verschiedenen Gebilde einer Gebirgsmasse leicht zu erkennen.

Bei jeder Persönlichkeit, welche zu solchen Arbeiten verwendet werden soll, spielt die Fähigkeit, sich leicht im Gebirge zurecht zu finden und sich die Gebirgsformen rasch einzuprägen, eine wichtige Rolle.

Das gewählte Beispiel ist des Verfassers letztes größere Arbeitsfeld im eignen Dienstbezirk.

Wenn ich am Schlusse dieser Arbeit die Frage eingehend behandele: wem sind diese und die mit ihnen im Zusammenhang stehenden weiteren Forsteinrichtungsgeschäfte zu übertragen, so drängen mich hierzu meine während langer Dienstzeit — zuerst in dem kleinen Lande Nassau und zuletzt in dem großen Staate Preußen — gereiften Erfahrungen.

Der Forstmann muß versuchen, um zu erfahren. Bei der Eigenart des Faches ist dem Einzelnen nur selten vergönnt, von seinen Ver-

---

1) Meine Einleitung zu Thema 2 der Deutschen Forstversammlung in Wiesbaden im Jahre 1879. Dankelmann's Zeitschrift für Forst- und Jagdwesen 1879, Heft 10.

suchen die Erfahrungen zu ernten, daher muß eine **fortlebende Behörde** sie sammeln und sichten.

Nicht Neuerungssucht führt mich zu diesen Vorschlägen; möge vor diesem Uebel das Forstfach bewahrt bleiben!

Möge aber dem noch jungen Fache eine Diensteinrichtung gegeben werden, durch welche jeder Zweig desselben sich dauernd fortentwickeln kann und durch welche jeder Dienststufe volle fruchtbringende Thätigkeit zugewiesen wird.

Trier, im Mai 1902.

O. Kaiser.

Inhalt.

Einleitung.

Die Formen der Gebirgsbildungen und ihre Darstellung eingangs zu besprechen, wird zum Verständniß der Ausführungen erheblich beitragen.

Die aus ihrer ebenen Umgebung merkbar hervorragenden Bodenerhebungen sind je nach ihrer Höhenausdehnung als Hügel oder Berge ausgeformt. Regelmäßige Formen, wie sie die Körpermeßlehre behandelt, stellen diese Bildungen nicht dar, man kann nur gewisse Bergausformungen mit einigen regelmäßigen Körpern z. B. mit dem Kegel und dem Paraboloid, auch mit formbekannten Gegenständen vergleichen. Man spricht von Bergkegeln, Köpfen, von der Sarg-Tafelform u. s. w.

Weil bei den Gebirgsbildungen die regelmäßigen Körperformen fehlen, können sie auch nicht so genau wie diese dargestellt werden. Die bildende Kunst kann zwar die Gestalt der Berge in kleinerem Maßstabe ausformend darstellen, aber diese Art der Darstellung ist für die Waldwirthschaft gar nicht, für wissenschaftliche Zwecke nur sehr beschränkt zu verwenden.

Von den regelmäßigen Körperformen steht den Gebilden der Natur das Paraboloid am nächsten, zur bildlichen Darstellung der einfachen Gebirgskörper wählt man am zweckmäßigsten seine Form, sie kann auch einigermaßen als Grundform für zusammengesetzte Gebirgsbildungen angesehen werden.

Auf Tafel 1, Zeichnung 1 ist der Mittendurchschnitt eines Paraboloids im Aufriß dargestellt. Zerlegt man die senkrechte Höhe dieses Aufrisses in gleiche Theile (hier 6), zieht durch die einzelnen Theilungspunkte mit der Grundlinie des Aufrisses gleichlaufende wagerechte Linien, lothet die Endpunkte dieser Linien auf eine mit der Grundlinie des Aufrisses gleichlaufende, tiefer liegende Linie ab, dann erhält man die

Durchmesser für die Kreisflächen jedes einzelnen Paraboloid-Abschnittes und durch das Ausziehen der Kreislinien die wagerechte Darstellung — den Grundriß — aller Abschnitte bis zur Grundfläche des ganzen Paraboloids.

Vergleicht man im Aufriß die Grundlinie mit der zunächst höheren Schichtenlinie, so geben die beiden an den Ecken der ersteren gebildeten gleichen rechtwinkeligen Dreiecke mit ihrer Höhe die Erhebung dieser Schichtenlinie über die Grundlinie — Höhenlage — mit ihren Hypothenusen die Grenzen und das Maß der Oberflächen und ihrer Neigungen — Neigungslage — an. Versinnlicht man sich die Körpergestalt der Zeichnung, dann hat die geneigte Oberfläche — Mantelfläche — auch eine Neigung nach den verschiedenen Himmelsrichtungen — Himmelslage —.

Hiermit sind die Begriffe von „Höhenlage" und für die Mantelflächen von „Neigungslage" und „Himmelslage" bildlich dargestellt, Begriffe, welche für die Ebene an und für sich nicht bestehen.

Denkt man sich eine wagerechte Fortbewegung des Paraboloides (Zeichnung 2), dann entsteht (siehe Aufriß):

eine Rückenbildung mit einer Rückenlinie in der Länge der Fortbewegung a b, ohne Neigung,

eine nördlich und eine südlich abhängende Bergwand, von den in den Punkten a und b errichteten senkrechten Linien abgegrenzt (siehe Grundriß),

je eine nordwestlich und südwestlich, nordöstlich und südöstlich abhängende Bergwand in Form einer Mantelbildung.

Mit jeder Veränderung in der Himmelsrichtung der Grundlinie des Aufrisses verändern sich selbstredend die Himmelslagen der Abhänge, aber nicht die Neigungslage derselben.

Aus der Ferne betrachtet wird z. B. eine solche Form, wenn auch nur annähernd so ausgebildet, als Sargform angesprochen werden.

Zwei Paraboloide so nahe an einander gerückt, wie Zeichnung 3 darstellt, versinnlichen die Sattelbildung. Je nachdem die im Grundriß ersichtliche ebene Fläche bei a kurz oder lang ist, unterscheidet man enge und gestreckte oder flache Sättel, a b und a c sind die aufsteigenden, a d und a e die abfallenden Linien des Sattels, jene sind in der Regel die Anfänge von Rückenbildungen, diese die Anfänge der Mulden und Thäler oder Wasserläufe.

Eine an den Aufriß des Paraboloids, etwa in der Mitte der Erhebung, zuerst mit 0 %, dann fallend angesetzte Mittendurchschnittslinie

Zeichnung 1

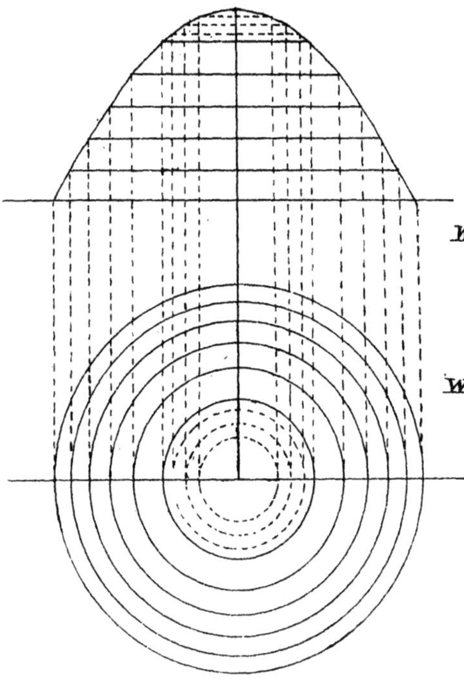

Zeichnung 2

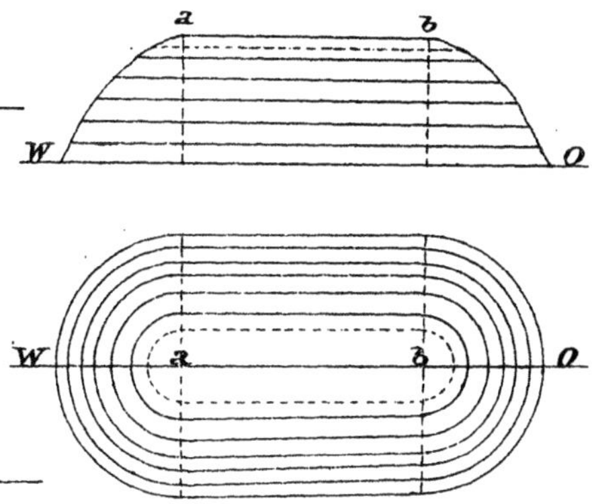

Zeichnung 3.

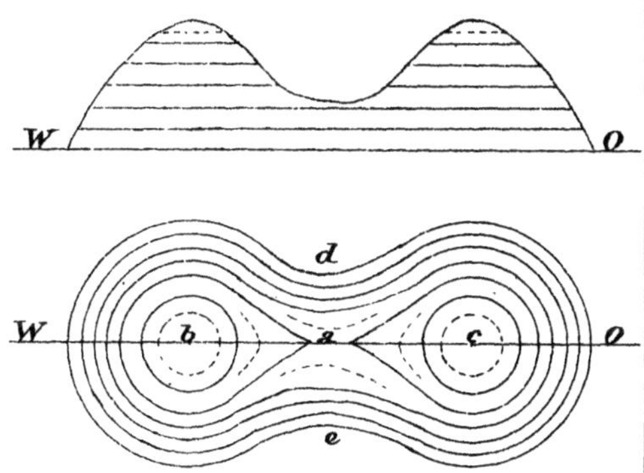

Zeichnung 4

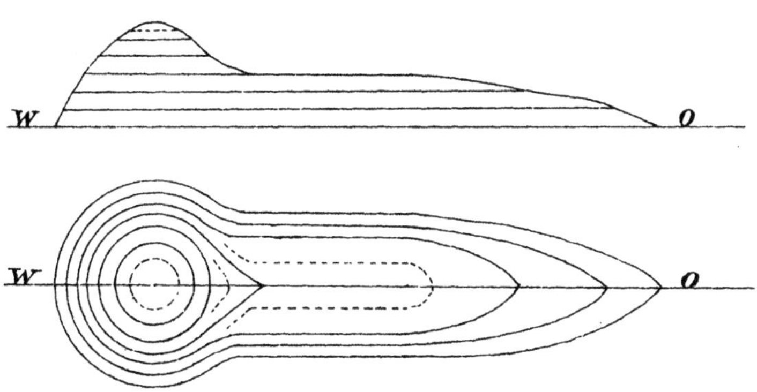

Verlag von Julius Springer in Berlin Photolith d. geogr-lith Anst. u. Steindr. v. C. L. Keller, Berlin S

(Zeichnung 4) stellt im Aufriß und Grundriß den Halbsattel und die abfallende Rückenbildung dar.

Wenn im Verlaufe eines Höhenzuges Erhebungen und Einsenkungen wechseln, wodurch eine Reihe von Sattelbildungen entstanden ist, dann bezeichnet man diese als Längssättel ( )( ) im Gegensatz zu Quersättel (≍), welche durch die Annäherung gleichlaufender Höhenzüge gebildet worden sind. Auf Tafel 2, Zeichnung 5 werden die Längssättel „Grauekreuz“ und „Stumpfethurm“, sowie der Quersattel „Zolleich“ dargestellt.

Diese nur vergleichsweise, zum Erkennen und zur näheren Bezeichnung der Oertlichkeit dargestellten regelmäßigen Ausformungen sind in der Natur unregelmäßig und jenen regelmäßigen Bildern nur annähernd ähnlich. Man findet nur selten die einzelnen Formen allein, gewöhnlich sind sie selbst in den kleinsten Bergbildungen alle im bunten Durcheinander vertreten.

Bei den regelmäßigen Körperformen, Kegel oder Paraboloid (Zeichnung 1) ist die Grundrißdarstellung eine einfache Ausführung. Die von der Grundlinie des Aufrisses abgelothete Linie ist der Durchmesser des ihre Grundfläche darstellenden Kreises und jede gleichlaufend mit der Grundlinie des Aufrisses gezogene Schichtenlinie giebt für den neuen Körperabschnitt ebenfalls den Durchmesser für die entsprechende Kreisfläche.

Für die Darstellung der Grundrisse unregelmäßiger Bergformen sind aber besondere örtliche Messungen erforderlich.

Begrenzt man eine aus ebenem Gelände aufsteigende Bergform von dem Fußpunkte a (Aufrißzeichnung 6) ausgehend mit einer wagerecht verlaufenden, den Fußpunkt wieder erreichenden Linie, dann chließt diese unregelmäßig verlaufende Umringlinie die Grundfläche der abgegrenzten Bergform ein. Trägt man nach erfolgter örtlicher Aufmessung den Verlauf dieser Linie auf die Grundrißzeichnung zwischen die von dem Grundriß abgelotheten Punkte a—a′, dann stellt diese Umringlinie den Grundriß des gedachten Bergabschnittes dar. Theilt man die vorher gemessene senkrechte Höhe der Bergform von dem Fußpunkt a zum Gipfel in Theile von gleicher Höhe (hier 6) und wiederholt von den einzelnen örtlich festgelegten Theilungspunkten (b—f) ausgehend ihre wagerechte Umgrenzung, die Aufmessung der einzelnen Umgrenzungslinien und ihre Einzeichnung, dann erhält man für jeden wagerechten Bergabschnitt die entsprechende Grundrißlinie.

In den Zeichnungen 6 ist die Längenausdehnung der Grundlinien im Maßstab 1 : 25000, die Höhe im Aufriß im Maßstab 1 : 5000 dargestellt. Die Aufrißzeichnung zeigt den Querschnitt des Berges in seiner größten Längeausdehnung, die Grundlinie mißt 2000 m, von dem abgelotheten Gipfelpunkt (g) nach Westen 500 m, nach Osten 1500 m, die senkrechte Höhe beträgt 60 m, jeder gleich hohe Schichtenabstand 10 m.

Ueberblickt man die auf Grund der geometrischen Absteckung und Aufmessung dargestellte Aufriß- und Grundrißzeichnung, dann spricht sich in der ersteren ein leicht erkennbarer Unterschied in der Neigung der Querschnittlinien a g und a′ g aus. Mit Hilfe der festgestellten Längen und Höhen ist sie zu berechnen. Die durchschnittliche Neigung der stärker abfallenden Linie beträgt $\left(\frac{60\,.\,100}{500}\right)$ 12 %, die der schwächer geneigten $\left(\frac{60\,.\,100}{1500}\right)$ 4 %. Die ungleichen Abstände zwischen den Höhenschichtenlinien der Grundrißzeichnung geben die Unterschiede der Geländeneigung. Bei dem größten Abstand der Höhenlinien der unteren ersten Schichte im Osten a b hat das Gelände eine Neigung von $\left(\frac{10\,.\,100}{300}\right)$ 3,3 %, bei dem kleinsten Abstand der Höhenlinien der dritten und vierten Schichte im Westen c′ d′ und d′ e′ berechnet sich die Geländeneigung $\left(\frac{10\,.\,100}{60}\right)$ zu 16,7 %.

Das Ergebniß, daß diese Unterschiede der Umgrenzungslinien der in senkrechter Höhe gleichweit entfernten, wagerechten Körperabschnitte den Maßstab der Neigung der zwischen ihnen liegenden Flächen abgeben, hat dieses Verfahren der Darstellung der Gebirgskörperformen zur allgemeinen Anwendung gebracht.

Wenn sich auch die Bildung der gebirgigen Erdoberfläche in unregelmäßigen Formen vollzogen hat, läßt sich doch mittels dieser Art der Grundrißdarstellung bei Annahme entsprechend geringer Höhenschichten — z. B. statt 10 m, 5 . 3 . 1 m — für die meisten Gebrauchszwecke, auch zu Erdmassenbewegungen, eine genügend genaue Berechnung erzielen.[1])

[1]) Die Darstellung der verschiedenen Verfahren beim Legen von Höhenschichtenlinien für größere Gebirgstheile gehört in die Lehre der Feldmeßkunde.

Zeichnung 5

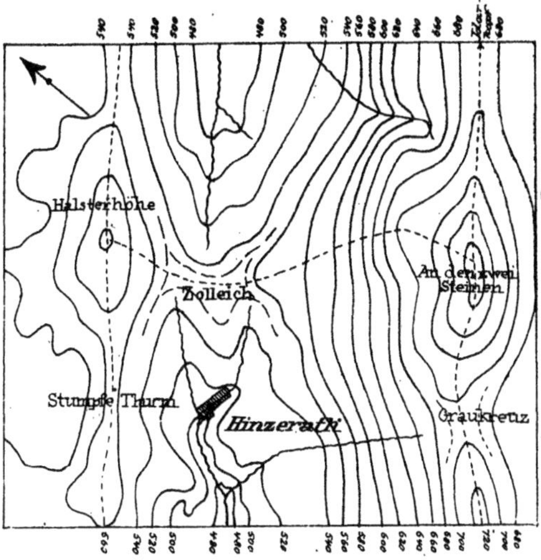

Darstellung des Quer-Sattels Zolleich und der Längssättel Stumpfe Thurm Graukreuz im Kreise Berncastel

Maßstab 1:100000.

Zeichnung 6

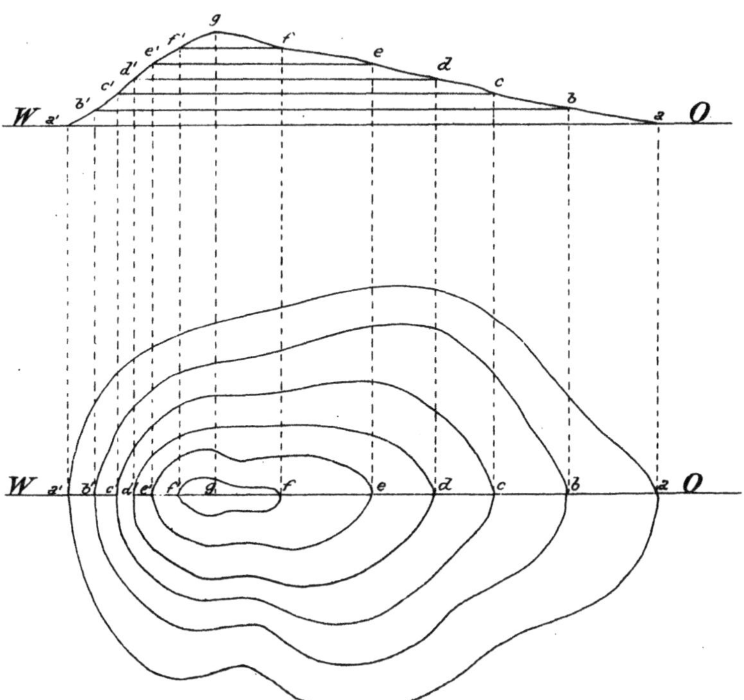

Verlag von Julius Springer in Berlin.
Photolith. d. geogr.-lith. Anst. u. Steindr. v. C. L. Keller, Berlin S.

I. Abschnitt.

Die Beschreibung des Arbeitsfeldes.

---

1. Die Abgrenzung der Beispielsfläche und ihre Geländebeschreibung.

In dem Theil des Regierungsbezirkes Trier (Karte I), welcher zum Hunsrück-Gebiet

— zwischen Rhein und Saar,
Mosel und Nahe —

gehört, sind in den Hochlagen der Gebirgsbildungen in der Hauptsache massige Rückenzüge ohne sehr hervortretende Höhen ausgeformt, sie verlaufen ziemlich gleichgerichtet mit den sie seitlich begrenzenden Flußthälern der Mosel und der Nahe.

In der engeren Abgrenzung zwischen:

Bernkastel und Neumagen im Moselthal,
Kirn, Oberstein, Türkismühle im Nahethal,
Bernkastel, Rhaunen, Kirn im Nordosten,
Neumagen, Thalfang, Hermeskeil, Türkismühle im Westen,

gehören die eingeschlossenen Flächen zum weitaus größten Theil zum Kreise Bernkastel, zu dem meistens von preußischem Gebiet umgebenen Fürstenthum Birkenfeld, nur ihre Südwestspitze zum Landkreise Trier. Sie liegen in den drei Flußgebieten der Mosel, der Nahe und der Saar.

Drei besonders hervortretende Rückenausformungen (Karte II) bilden das Hauptgerippe dieser Gebirgsmassen.

I. Der erste, mittlere, höchste „Hauptrücken".

Er verläuft in ziemlich grader Richtung von Nordost nach Südwest, beginnt im Nahegebiet, nordwestlich von dem Flecken Rhaunen, in dem Winkel, welchen der Einfluß des kleinen Macherbaches in den

Hahnenbach bildet — 330 m über Normal Null —, und endet im Saargebiet in dem Winkel, welcher von dem Einfluß des Königsbaches in die Prims, nordöstlich von dem Dorfe Nonnweiler, gebildet wird — 421 m ü. N. N.

Der nordöstliche Theil dieses „Hauptrückens" wird „Idarwald", der südwestliche Theil „Dhronecker Hochwald", das Ganze von der entfernt wohnenden Bevölkerung gewöhnlich nur „Hochwald" benannt. Die Grenze zwischen dem Idarwald und dem Dhronecker Hochwald bilden die beiderseits unweit und unterhalb des Sattels „Hangende Birke" — 714,6 m u. N. N. — entstehenden Bäche, östlich der Idarbach im Nahegebiet, westlich der Siebenbornbach (Simbach) im Moselgebiete.

Die Rückenlinie dieses ersten Hauptrückens wird in ihrem Verlaufe von keiner Thalbildung durchbrochen, ihre Einsenkungen und Erhebungen haben sich nicht mit starken Neigungen gebildet, die zwei tiefsten Einsenkungen liegen bei „O. K.'s-Hütte" im Idarwald — 655 m ü. N. N. — und am „Dhronecker Jagdhaus" im Dhronecker Hochwald — 701,6 m ü. N. N. —, die übrigen Sattelbildungen sind viel schwächer ausgesprochen.

Die höchsten Erhebungen: im Idarwald „An den zwei Steinen" — 765,4 m ü. N. N. —, im Dhronecker Hochwald „Erbeskopf — 817,8 m ü. N. N. — sind flach und massig ausgeformt, die letztere ist der höchste Punkt der Rheinprovinz.

Dieser erste Hauptrücken erhebt sich aus dem Hahnenbachthale nordwestlich von Rhaunen bei sehr flacher Rückenbildung 4700 m lang, durchschnittlich mit 9 % steigend und 413 m senkrechte Höhe überwindend bis zum Idarkopf — 743,2 m ü. N. N. —, wodurch dieser gewaltige, nach Nordwesten, Norden, Nordosten, Osten und Südosten abfallende massige Kopf ausgeformt worden ist.

Nach dieser beträchtlichen Erhebung beginnt ein ruhiger Verlauf der Rückenlinie. 35 km lang bis zur letzteren stärkeren Erhebung, dem „Diebskopf" — 720 m ü. N. N. — nordöstlich vom Dorfe Damflos, beträgt die größte Abweichung von der höchsten Erhebung, dem Erbeskopf, nur 163 m im tiefsten Sattel „O. K.'s-Hütte".

Vom „Usarkopfe" — 724,3 m ü. N. N. — im Idarwalde bis zum Sattel „Dhronecker Jagdhaus" ist die Bildung des ersten Hauptrückens eine weniger regelmäßige als im Nordosten dieses Rückens. Der „Auerhahnskopf" — 755,6 m ü. N. N. — und „Erbeskopf" erscheinen als die höchsten Punkte besonderer Rückenzüge, deren Streichen von der Richtung des Hauptrücken abweicht, aber ihr Verlauf läßt sie doch nicht als größere selbständige Gebirgskörper ansprechen, sie sind vielmehr als Unregelmäßigkeiten oder Verschiebungen in der Ausformung des Hauptrückens zu betrachten.

Von der Höhe „An den zwei Steinen" bis zur Höhe „Panzerschlag" — 749 m ü. N. N. — bildet die erste Hauptrückenlinie die Wasserscheide zwischen Mosel und Nahe, von „Panzerschlag" bis zur Höhe „Sandkopf" — 746 m ü. N. N. — zwischen Nahe und Saar.

II. Der zweite Hauptrücken an der Römerstraße,

zwischen dem ersten Hauptrücken und dem Moselthale, ist die längste Rückenbildung im Hunsrückgebiet, welche im Regierungsbezirk Coblenz schon eine weite Strecke die Wasserscheide zwischen Mosel und Nahe bildet, er verläuft im Regierungsbezirk Trier mehr von Osten nach Westen, in der Richtung der vom Rhein herkommenden alten Römerstraße, bis zur Mosel, gegenüber dem Dorfe Ferres — 109,1 m ü. N. N.

In unserer engeren Abgrenzung liegt seine Rückenlinie durchschnittlich etwa 160 m tiefer als die des ersten Hauptrückens. Auch diese zweite Rückenlinie ist ebenso wie die erste von keiner Thalbildung durchbrochen, der tiefste Sattel „Gonzerath" liegt 519 m hoch.

Dieser Höhenzug nähert sich dem ersten Hauptrücken zwischen den Dörfern Hochscheid und Hinzerath, wodurch der langgestreckte flache Quersattel „Zolleich" — 553,7 m ü. N. N. — gebildet wird. Die aufsteigenden Linien dieses Sattels, einerseits nach der Höhe „An den zwei Steinen" — 765,4 m ü. N. N. —, anderseits nach der „Halsterhöhe" — 601,2 m ü. N. N. — liegen nahezu senkrecht zum Verlauf der beiden Rückenlinien I und II, daher erscheint dieser Sattel in der bis jetzt genauer besprochenen Gebirgsbildung als der erste Quersattel — A. In seinen abfallenden Sattellinien liegen südwestlich die Anfänge der „Großen Dhron", nordöstlich die Quellen des Hahnenbaches[1]). Die Thalbildungen beider Bäche laufen anfangs gleichgerichtet mit den beiden Rücken I und II, wodurch dieser Quersattel der gegebene Durchgangspunkt für Wege- und Bahnlinien ist, welche in den Thälern und den Thalseiten beider Bäche weiter gehen sollen.

---

1) Der Hahnenbach, welcher bei Kirn in die Nahe fließt, hat in seinem Anfang in jedem Banne einen andern Namen, die auch in die Generalstabskarte aufgenommen, aber hier weggelassen sind. Auch im Reg. Coblenz führt ein Zufluß den Namen Hahnenbach.

Die aufsteigenden Linien dieses Quersattels bilden die Wasserscheide zwischen Mosel und Nahe.

III. Der dritte Hauptrücken,

zwischen dem ersten Hauptrücken und dem Nahethal, beginnt im Fischbachthale oberhalb des Dorfes Mörschied auf oldenburgischem Gebiet — 340 m ü. N. N. —, verläuft ziemlich gleichgerichtet mit dem ersten Hauptrücken, nähert sich diesem zwischen dem Dorfe Allenbach und dem Weiler Tranenweiher und bildet dadurch den zweiten Quersattel „Hüttgeswasen" — B — 660,6 m ü. N. N.

Von da ab mit dem ersten Hauptrücken gleichgerichtet weiter laufend, nähert er sich diesem südwestlich dem Dorfe Muhl nochmals, bildet den dritten Quersattel „Muhl" — C — 608 m ü. N. N. — und endet nach weiterem Verlaufe im Primsthal bei dem Bahnhof Nonnweiler — 410 m ü. N. N.

Die ursprüngliche Rückenlinie dieses dritten, gewöhnlich „Birkenfelder Hochwaldrücken" benannten Gebirgszuges ist im Gegensatz zu den beiden ersten Rücken zweimal durch Wasserläufe, welche tiefe Thäler gebildet haben, durchbrochen, zuerst im Katzenloch, südöstlich vom Dorfe Sensweiler, vom Idarbache, dann südlich vom Dorfe Börfink vom Traunbach, sie liegt durchschnittlich etwa 80 m tiefer als die erste Hauptrückenlinie.

Die aufsteigenden Linien des Quersattels „Hüttgeswasen" bilden die Wasserscheide zwischen dem Idarbach und dem Traunbach, in den abfallenden Sattellinien liegen die Anfänge beider Bäche.

Die aufsteigenden Linien des Quersattels „Muhl" nach dem „Sandkopf" — 746 m ü. N. N. — und dem „Großen Dollberg" — 700 m ü. N. N. — bilden die Wasserscheide zwischen dem Traunbach und der Prims, in den absteigenden Sattellinien verlaufen nordöstlich der Hengstbach, ein Zufluß vom Traunbach, südwestlich der Königsbach, ein Zufluß der Prims.

Beide Quersättel sind ebenfalls für künftige Bahnzüge sowie auch für Wegpläne gegebene Durchgangsstellen.

Der südliche Theil des ersten Hauptrückens, „Der Dhronecker Hochwald", hängt mit einem anderen Gebirgsstock außerhalb unserer engeren Abgrenzung, dem „Osburger Hochwald", mittels einer in ihrer größten Ausdehnung flachen, nur schwach ausgesprochenen Rückenbildung zusammen, welche die Wasserscheide zwischen Mosel und Saar bildet. Die

Rückenlinie dieser Verbindung beginnt auf der Höhe „Panzerschlag“ im ersten Hauptrücken, in ihrem Verlaufe bis zur Höhe „Hohe Wurzel“ — 669 m ü. N. N. — im Osburger Hochwalde ist zunächst ein vierter Quersattel „Ober dem Schillingerborn“ — D — 650 m ü. N. N. — durch den Aufstieg der Rückenlinie zum „Steinkopf“ — 682 m ü. N. N. — im Malborner Gemeindewald gebildet. In der nach Norden abfallenden Linie dieses Quersattels beginnt der Krebsbach, ein Zufluß zum Hohltriefbach bezw. zur „Kleinen Dhron“, in der abfallenden Linie nach Südwesten liegt der Schillingerborn, der Ursprung der Prims.

Im weiteren Verlauf der gedachten Rückenlinie liegen westlich vom Dorfe Abtei ganz flache Einsattelungen, durch welche die Hochwaldhöhenbahn von Hermeskeil, bezw. Reinsfeld, nach Simmern geführt werden muß.

Die besprochenen Rückenlinien der drei Hauptrückenzüge sind in Karte I durch stärker gestrichelte Linien kenntlich gemacht, durch feiner gestrichelte Linien auch die vom ersten Hauptrücken abzweigenden kleineren Rückenlinien, welche innerhalb des Staatswaldes verlaufen.

Wie in der Regel von den stärkeren Erhebungen wieder kleinere Rückenbildungen abzweigen, beginnen im Gebirge seitlich der Einsattelungen die Thalbildungen und in ihnen durch Ansammlung der Niederschläge und durch das Hervortreten der Quellen die Anfänge der Wasserläufe, welche als die Thalsohlen auch in der Karte angegeben sind.

Die Einzeichnung der Rückenlinien, dieser Rückgrate der größeren und kleineren Gebirgskörper, und der Sohlen aller Thäler und Thälchen veranschaulichen die Ausformung des Gebirges.

Im Moselgebiet haben die beiden ersten Hauptrücken durch ihren nicht durchbrochenen Verlauf eine eigenthümliche Thalbildung, die der „Großen Dhron“, herbeigeführt. Zum Hauptthal der Mosel verläuft dieses Seitenthal anfangs nahezu gleichgerichtet mit ihm, aber mit entgegengesetztem Falle, es verbindet daher das obere Gebiet der „Großen Dhron“ ungünstig, nur auf großen Umwegen, mit dem Hauptthal der Mosel. Nicht für das Wegenetz, nur für die Anlage einer Kleinbahn kann das Thal in Frage kommen.

Im Nahethal reichen infolge des zweimal durchbrochenen dritten Hauptrückens zwei Seitenthäler: des Traunbaches, des Idarbaches, an der nördlichen Grenze des dritten Hauptrückens, des Fischbaches, an der nördlichen Grenze des ersten Hauptrückens, des Hahnenbaches bis zu diesem ersten mittleren Hauptrücken und verlaufen von da nahezu rechtwinklig zum Hauptthal der Nahe. In diesen Thälern führen Wege zur Vollbahn im Nahethal. Mit einer Kleinbahn im Hahnenbachthale, im Anschluß an eine solche im Thal der „Großen Dhron", kann das Nahethal mit dem Moselthal günstig verbunden werden.

Im Saargebiet begrenzt das Thal der Prims nur einzelne Waldflächen und den südlichsten Waldtheil unseres Arbeitsfeldes. Von Nonnweiler abwärts durchzieht die Nebenbahn zur Saar dieses Thal.

Das Thal der „Großen Dhron" hat für die Eintheilung des Staatswaldes keine Bedeutung, nur die Anfänge ihrer Zuflüsse aus dem ersten Hauptrücken sind natürliche Abgrenzungen für die anliegenden Waldflächen.

Im Nahegebiet geben die Nebenbäche des Traunbaches: Hengstbach, Ochsenfloß, Taubenfloß, Ramstallerfloß, der Idarbach und seine Nebenbäche: Hohlbach, Steinbach, Scheidbach, sodann der Fischbach, zuletzt der Koppelbach, ein Zufluß zum Hahnenbach, sämmtlich im ersten Hauptrücken entspringend, natürliche Grenzen für die Waldeintheilung ab.

Im Saargebiet sind die Nebenbäche der Prims: die Anfänge des Königsbaches und des Fraubaches, zur Eintheilung zu verwenden.

Auf preußischem Gebiet sind unsere Höhen zusammenhängendes Waldland. Den ersten mittleren Hauptrücken bedecken die Bestände des Idar- und Dhronecker Hochwaldes, rund um denselben liegen in den Thälern und auf den seitlich verlaufenden Rückenbildungen eine Menge von Dörfern. In gleicher Weise setzt sich auf Großherzoglich Oldenburgischem Gebiet der Wald auf dem dritten Hauptrücken fort, bis auch ihn in den Abhängen die Feldmarken begrenzen.

2. Die Voll- und Nebenbahnen des Gebietes.

In den unser Gebiet abgrenzenden Hauptthälern der Mosel und der Nahe verläuft zwar im Moselgebiet die 1879 eröffnete Vollbahn von Trier nach Coblenz, sie ist aber von Ehrang bis Pünderich abseits des Thalzuges über Land geführt, um den häufigen und starken Krümmungen dieser Moselstrecke auszuweichen.

Die 1860 eröffnete Vollbahn im Nahethal von Türkismühle zum Rhein (Bingerbrück) folgt dagegen genau dem Laufe des Flusses.

Der erste mittlere Hauptrücken verläuft nahezu in der Mitte zwischen Mosel und Nahe, auch ziemlich gleichgerichtet mit beiden Flüssen, sowie mit den beiden Vollbahnen in diesen Gebieten. Der rechtwinkelige

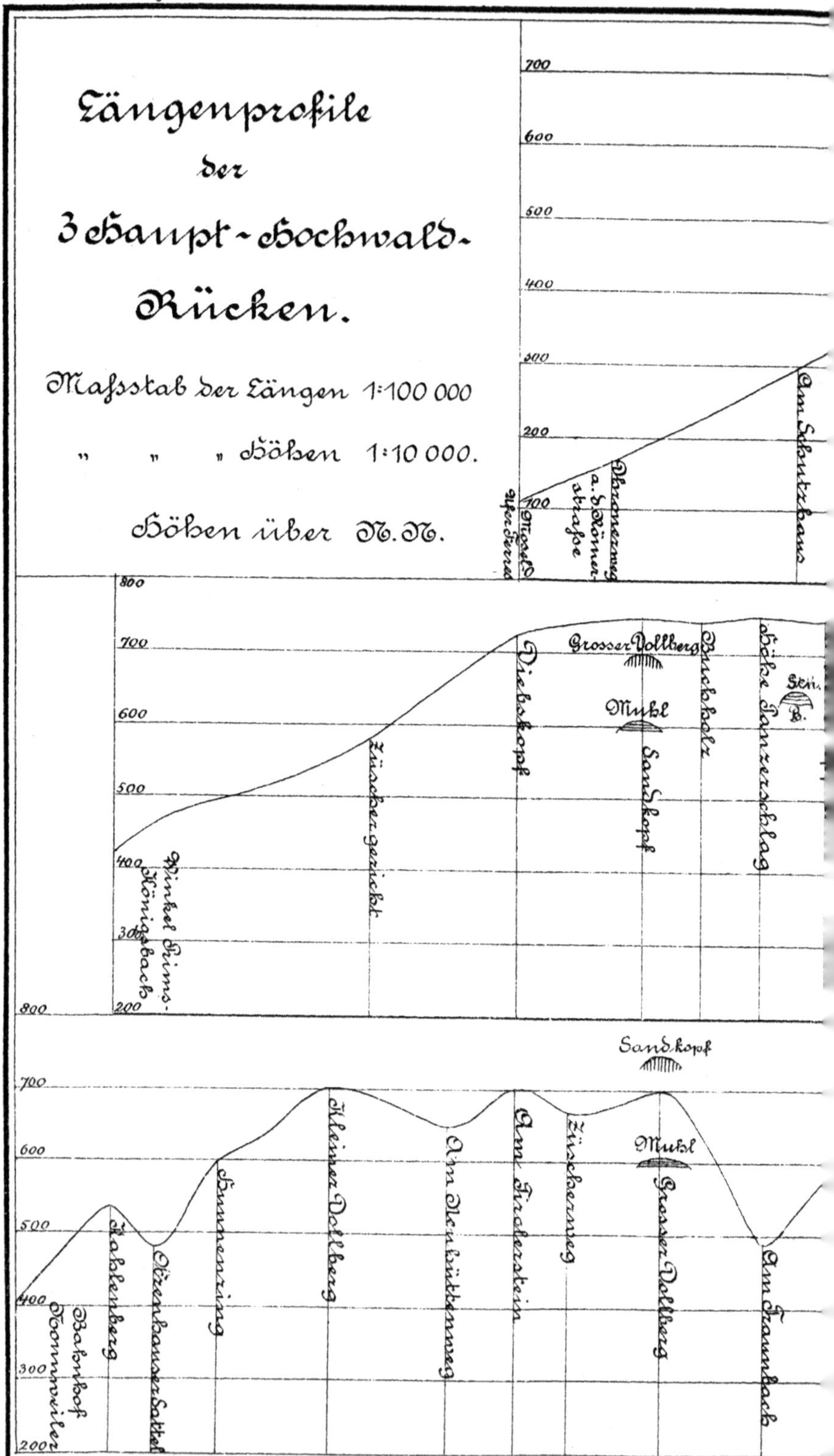
Längenprofile
der
3 Haupt-Hochwald-Rücken.
Maßstab der Längen 1:100 000
" " " Höhen 1:10 000.
Höhen über N.N.
700
600
500
400
300
200
100
Am Schutzhaus
800
Züscher gericht
Dieb'skopf
Grosser Dollberg
Sandkopf
Buchholz
Sandkopf
Kahlenberg
Hunnenring
Kleiner Dollberg
Züscherweg
Grosser Dollberg
Am Traunbach

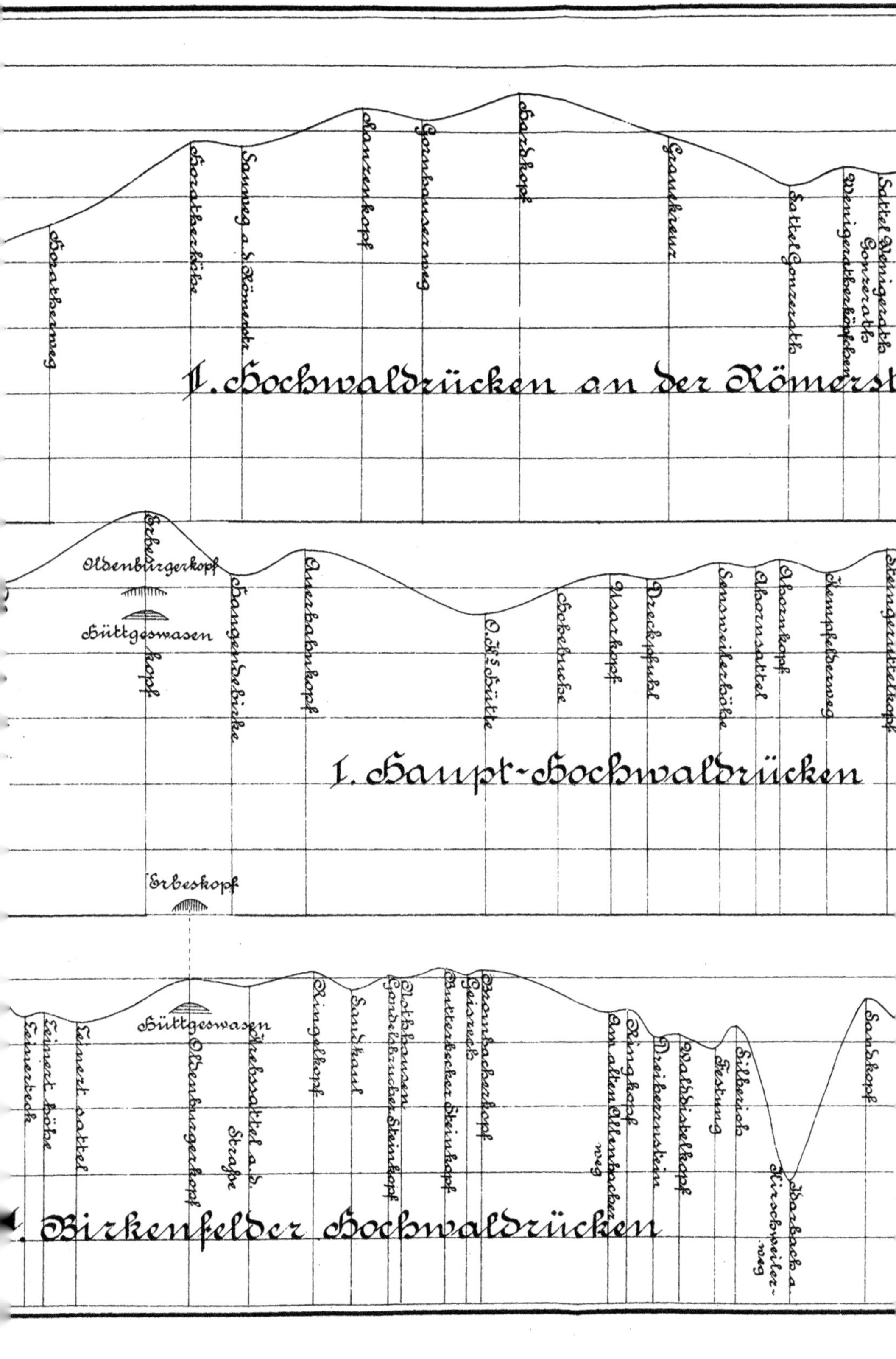
I. Hochwaldrücken an der Römerst
Sattel Gonzerath
I. Haupt-Hochwaldrücken
Oldenbürgerkopf
Hüttgeswasen
Erbeskopf
Idarkopf
I. Birkenfelder Hochwaldrücken
Hüttgeswasen
Oldenburgerkopf
Ringelkopf
Sandkaul
Ringkopf
Festung
Sandkopf

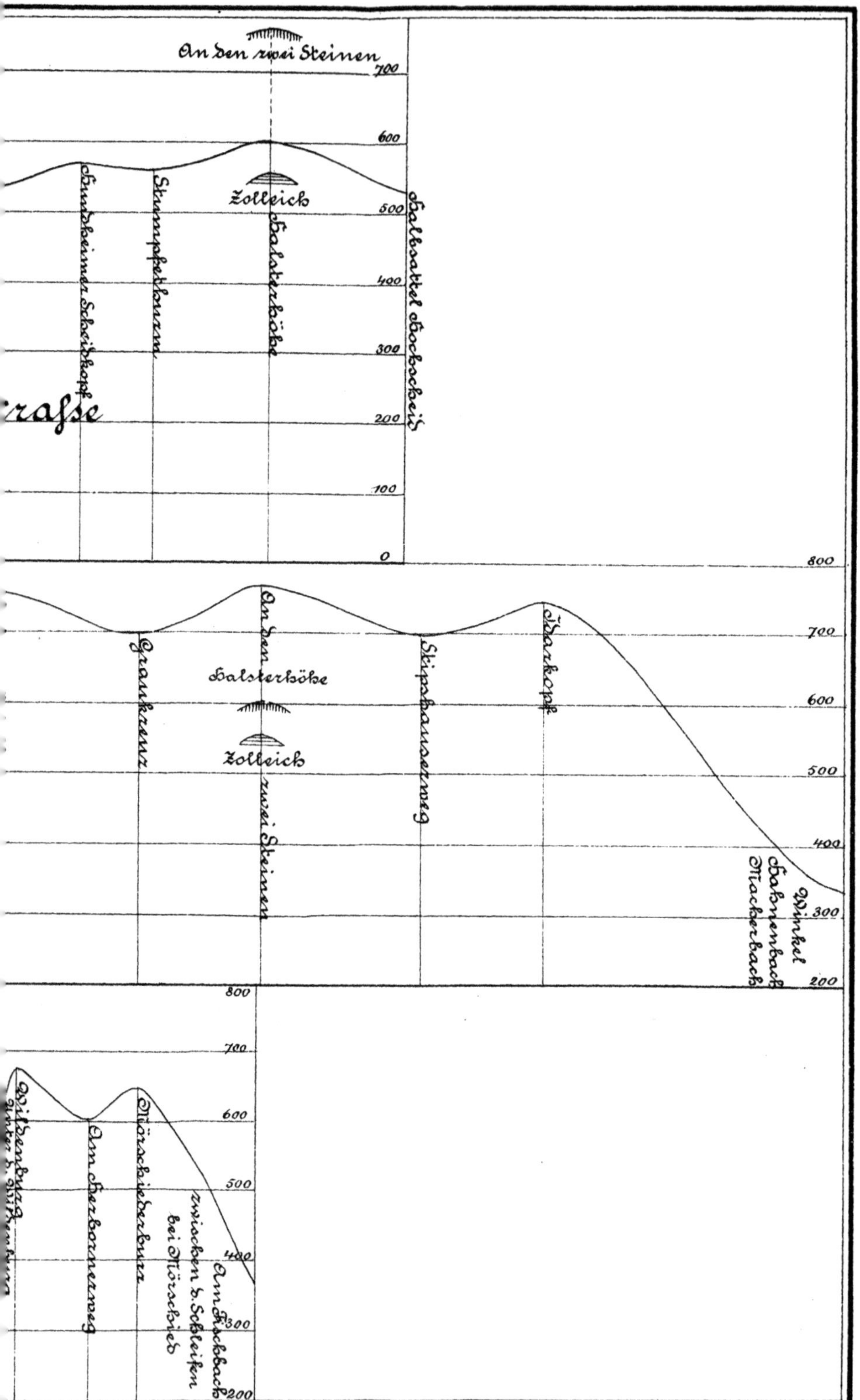

Photolith d. geogr.-lith. Anst. u. Steindr. v. C. L. Keller, Berlin S.

Abstand der Rückenlinie dieses Gebirgskörpers beträgt einerseits bis zum Verlauf der schiffbaren Mosel in der Luftlinie durchschnittlich 15 bis 18 km, bis zur Vollbahn im Moselgebiet, welche dem gedachten Waldkörper gegenüber, wie anfangs schon bemerkt, außerhalb des Moselthales verläuft, durchschnittlich 8 km weiter, also 23 bis 26 km; andererseits bis zur Nahe und zu der ihr Thal durchziehenden Vollbahn 13 bis 16 km.

Die abseits der Mosel geführte Vollbahnstrecke ist einmal durch die 1883 eröffnete, 15 km lange Nebenbahn von Wengerohr bis Cues-Bernkastel mit der Mosel-Wasserstraße verbunden, außerdem führt auch von Pünderich eine ebenfalls 1883 eröffnete, 11 km lange Nebenbahn der Mosel aufwärts bis Taben-Trarbach zur Mosel.

Von dem Bahnhof Birkenfeld-Neubrücke der Nahebahn führt eine 5 km lange Nebenbahn bis Stadt-Birkenfeld.

Die 1889 von Trier bis Hermeskeil, 1897 von Hermeskeil über Nonnweiler bis Türkismühle — Bahnhof der Nahebahn — eröffnete Nebenbahn, mit der Abzweigung von Nonnweiler nach Wemmetsweiler — Bahnhof der Fischbachbahn von Saarbrücken nach Neunkirchen —, führt bei ihrem Einlaufen in das Primsthal am äußersten Ende des dritten Birkenfelder Hochwaldrückens vorbei. Der Bahnhof Nonnweiler liegt am Ende der Rückenlinie, 300 m von der Staatswaldgrenze entfernt. Wenn er auch seiner Entfernung vom Haupt-Staatswaldkörper wegen vorerst nur für die zwei nächsten Schutzbezirke — Nonnweiler und Neuhütten — Werth hat, so ist er aber für einen unmittelbaren Anschluß einer Klein- oder Waldbahn aus dem Inneren des Staatswaldgebietes ziemlich günstig gelegt, auch der einzige Bahnhof dieser Linie, an den ein unmittelbarer Bahnanschluß aus diesem Gebiete ausführbar ist.

Der in der Linie nach Türkismühle folgende Bahnhof Otzenhausen, 600 m vom Staatswald abgelegen, eignet sich nicht für einen unmittelbaren Anschluß einer Kleinbahn, kann aber mit Landfracht aus den beiden gedachten Schutzbezirken gut erreicht werden.

Mittlerweile ist die noch fehlende Nebenbahnverbindung von Hermeskeil über Morbach, Quersattel Zolleich und weiter bis Kirchberg und Simmern im Regierungsbezirk Coblenz örtlich festgelegt. Diese Hochwald-Höhenbahn ist weitaus die wichtigste Linie für die Hochwaldbevölkerung und den Staatswaldbesitz.

Die Bahnhöfe dieser Linie: Dhronecken, Thalfang, Hoxel, Morbach, Hinzerath, werden für Güterverkehr eingerichtet und auf Veranlassung der Forstverwaltung werden noch Holzverladestellen zwischen Thalfang und Hoxel, Hoxel und Morbach, zwischen Morbach und Hinzerath und auf dem Quersattel Zolleich vorgesehen.

Diese Bahnhöfe und Holzverladestellen nehmen das Holz von den angrenzenden Waldungen auf den nordwestlichen Abhängen des Hoch- und Idarwaldes auf.

Trotz alledem schafft dieses gesammte Netz von Nebenbahnen einen günstigen Aufschluß für den Staatswaldkörper nicht, denn die Bahnlinien von Hermeskeil nach Türkismühle und Wemmetsweiler führen an der südlichsten Spitze des Waldkörpers vorbei und lassen die südöstlichen Abhänge des ersten mittleren Hauptrückens und den dritten Hauptrücken zum größten Theil unaufgeschlossen liegen, und die Linie von Trier über Hermeskeil und Morbach nach Simmern verläuft gleichgerichtet mit dem Moselthal und nirgends ist eine unmittelbare Verbindung mit diesem Thal und seinen Bahnen hergestellt[1]).

3. Der Besitzstand und die bisherigen Absatzverhältnisse.

Von den rund 16000 ha großen Staatswaldflächen innerhalb der eingangs beschriebenen engeren Abgrenzung bedecken etwa 11500 ha den in der Mitte der dargestellten drei Gebirgskörper liegenden I. Hauptrücken, sie liegen geschlossen beiderseits des Rückens bis zu einer Breite von 8 km, fremden Besitz schließen sie nicht ein, nur wenige kleine Wiesenthäler setzen sich eine Strecke in den Waldkörper fort; im Innern des Waldes ist fremder Besitz nur noch in ganz geringer Ausdehnung eingeschlossen. Der Südosthang des Idarwaldes vom Sattel Graukreuz ab nordöstlich ist theils Gemeinde- theils Privatwald.

Auf dem II. Hochwaldrücken an der Römerstraße liegen zerstreut und im Gemenge mit Gemeindewald nur kleinere Staatswaldtheile etwa 1200 ha.

Von dem in seiner ganzen Längenausdehnung bewaldeten III. Birkenfelder Hochwaldrücken sind die nordwestlichen schmalen Einhänge

[1]) Werden Eisenbahnen in der Nähe von Waldungen geplant, ist es Pflicht der Forstverwaltungen, diese Entwürfe bei ihrem Entstehen zu verfolgen und zeitig festzustellen, ob etwa Vortheile für die Forsten errungen und Nachtheile in der Leitung der Linien u. s. w. abgewendet werden können.

streckenweise von etwa 3300 ha Preußischem Staatswalde bedeckt, die bei weitem größeren Waldflächen sind Großherzoglich Oldenburgischer Staats- und Gemeindebesitz.

Es darf angenommen werden, daß die heutigen Waldflächen innerhalb dieses Gebietes von jeher als solche, vielleicht auch theilweise als Weideflächen bestanden haben, Spuren von landwirthschaftlicher Benutzung; auch von römischen Niederlassungen finden sich nur einzelne, dabei noch von geringer Ausdehnung. Während der Zeit, als der Jäger noch vorherrschend Herr des Waldes war, entwickelte sich hier schon frühe eine für die Waldbesitzer und für die Bevölkerung gleich ersprießliche Forstbenutzung.

Das Vorkommen von Eisenerzen namentlich auf der Süd- und Südostseite des Hochwaldes und die Möglichkeit die Holzkohle aus den nahen ausgedehnten, vorherrschend mit Buchen bestandenen Waldungen billig zu beschaffen, veranlaßten schon im Anfang des 17. Jahrhunderts die Anlage von Hütten und Hammerwerken in den von dem I. mittleren Hauptrücken ausgehenden Thälern, nördlich der Kleinen Dhron, südlich des Fischbaches, des Idar- und Traunbaches, des Königs- und Primsbaches.

Die Eigenthümer der Hüttenwerke und die Waldbesitzer zogen nach und nach geschulte Köhler aus Belgien heran, die heutigen dem Walde auf der Süd- und Südostseite am nächsten liegenden Dörfer sind meistens Ansiedelungen von Waldarbeitern aus jener Zeit, heute finden sich noch in all diesen sog. Hüttendörfern die französischen Namen dieser Wallonen.

Infolge der fortschreitenden Entwicklung der Eisenindustrie hob sich der Holzverkohlungsbetrieb im Hochwalde immer mehr, er stand noch bis gegen die Mitte des 19. Jahrhunderts in Blüthe, er versorgte nicht allein die Hütten der Umgegend, auch theilweise noch die Eisenwerke an der Nahe, am Rhein und an der Lahn.

Durch die Ausdehnung des Eisenbahnbaues im allgemeinen, besonders aber durch die Herstellung der Vollbahnen durch das Nahethal und durch das an Steinkohlen reiche Saargebiet, in Verbindung mit der stets fortschreitenden Verwendung der Steinkohle, konnten die Eisenwerke in den Nebenthälern der Nahe den Wettbewerb auf diesem Gebiete nicht mehr wagen, die Besitzer verlegten ihre Werke an die Vollbahnen im Kohlengebiet, ihnen folgten ihre Arbeiter und weil durch diesen Umschwung der Holzkohlenbetrieb schließlich ganz aufhörte, auch ein Theil der arbeitslosen Köhler. Dem Walde verblieb das Nachsehen!

Mit dem Beginn einer raschen und fortschreitenden Entwicklung der Waldwirthschaft, welcher in die 20er Jahre des 19. Jahrhunderts fällt, pflegte der heimische Forstmann zwar fortdauernd mit besonderer Vorliebe seine Buche, er mußte aber bald zum Anbau des bis dahin im Hochwaldgebiet noch fremden Nadelholzes schreiten. In Lagen und auf Böden, welche für die Fortzucht von Laubholz nicht mehr geeignet waren, wurde vorzugsweise auf dem rheinischen Schiefergebirge die Fichte angebaut. Große Flächen sind heute schon dem Nadelholzanbau anheimgefallen, sie werden sich Jahrzehnte lang immer noch erweitern, aber bis in die neueste Zeit hatte dieser zwar sehr erfolgreiche Anbau hinsichtlich der Holzverwerthung nur neue Sorgen gebracht.

Wie bereits erörtert liegt der Preußische Staatswaldkörper von den Hauptverkehrswegen, der Mosel-Wasserstraße und der beiden Vollbahnen im Moselgebiet und im Nahethal weit entfernt, es umsäumen ihn erhebliche Gemeindewaldflächen, auch etwas Privatwald und im Nahegebiet grenzen die gedachten großen Flächen Oldenburgischen Staats- und Gemeindewaldes an. Die jährlichen Holzerträge auf all diesen Flächen übersteigen die Bedürfnisse der anwohnenden, im Durchschnitt gering bemittelten Bevölkerung bedeutend. Die Landfracht bis zur Mosel und zu den Bahnhöfen der beiden Vollbahnen war aber so erheblich, daß die meisten Holzarten und Holzsorten diesen Aufschlag dem allgemeinen Wettbewerb gegenüber nicht ertragen haben, daher wegen Mangel an Bedarf in nächster Nähe nicht in genügender Menge abgesetzt werden konnten.

Im Weinbaugebiet der Mosel konnten z. B. vor dem Jahre 1893 die zu Rebpfählen tauglichen, sehr gesuchten Fichten-Reisigstangen mit einem Durchmesser von 3 bis 7 cm (1 m vom Stammende) deshalb nicht in der gewünschten Menge abgesetzt werden, weil sie aus Süddeutschland bei Wasserfracht billiger bezogen wurden. Wegen der Unverkäuflichkeit dieser Reisig-Nutzhölzer, aber auch der Derbholzstangen, waren bis zum Jahre 1893 Fichten-Saatbestände von 50 bis 60 Jahren theils nicht genügend, theils noch gar nicht durchforstet.

An einen ausgiebigen Brennholzabsatz nach Außen war gar nicht zu denken, kaum konnten die werthvollsten Nutzholzstämme von Buchen und Eichen die hohe Landfracht aushalten.

Der nach dem Aufhören der Köhlerei stetig gefallene Preis des Buchenholzes hat zwar schon im Jahre 1861 die Anlage einer Holzessigfabrik bei Brücken im Traunthal auf Oldenburgischem Gebiet — 4 km vom Bahnhof „Stadt Birkenfeld“ — veranlaßt, auch die früheren

Hüttenwerke bei Abentheuer im Traunthal — 8 km vom Bahnhof Birkenfeld-Neubrücke der Nahebahn — und das seit 1857 außer Betrieb gesetzte Hammerwerk „Katzenloch im Idarthal" — 12 km vom Bahnhof Oberstein — wurden 1887 und 1890 in Holzverfeinerungs- und Sägewerke eingerichtet, aber all diese Werke rechnen auf billigen Ankauf des Holzes, weil ihnen der Vorzug einer Schienenverfrachtung fehlt.

4. Die vorhandenen öffentlichen Wege.

Die Bezeichnung der öffentlichen Wege ist in den einzelnen deutschen Gebieten so verschieden, daß eine Feststellung der Begriffe erforderlich ist. Die vorliegende Abhandlung unterscheidet:

a) Landstraßen, welche der Staat bezw. die Provinzen, die Kreise oder sonstige Vereinigungen zum allgemeinen Gebrauch bauen und unterhalten.
b) Landwege, welche in der Regel die Gemeinden, bezw. die Gutsbezirke u. s. w. zu demselben Zweck bauen und unterhalten.

Auch die vorhandenen Landstraßen und Landwege waren hinsichtlich ihres Werthes für den Verkehr nach den Wasserwegen und Eisenbahnen genau zu untersuchen.

Nr. 1[1]). Die Landstraße aus dem Mosel- zum Nahethal — von Bernkastel bis Birkenfeld-Neubrücke — überschreitet quer die vorgeführten drei Hauptrückenzüge ziemlich in ihrer Mitte und führt 8,5 km lang durch das Staatswaldgebiet. Bei ihrer Anlage war selbstverständlich nicht die regelrechte Verbindung der Staatswaldungen auf dem mittleren Hauptrücken mit der schiffbaren Mosel und mit dem Nahethal, gleichviel an welchen Punkten, maßgebend, ihren Verlauf bestimmten vielmehr die in der angegebenen Richtung liegenden wichtigsten Städte und Dörfer. Von diesen Gesichtspunkten ausgehend, wurden im Moselgebiet die alte Stadt Bernkastel, im Nahegebiet die Stadt Birkenfeld als Durchgangspunkte gewählt.

In Abschnitt I, I ist schon das ungünstig ausgeformte Thal besprochen, welches der Verlauf der „Großen Dhron" bildet; ihr Ursprung in der abfallenden Linie des Quersattels „A Zolleich" liegt 10,7 km in gerader Linie von Bernkastel entfernt, erst nach einem Verlaufe von 33 km mündet sie, 20 km oberhalb Bernkastel, in die Mosel.

Bei dieser Gebirgsbildung, insbesondere bei dem Mangel eines den II. Hochwaldrücken etwa in der Richtung von Morbach nach Bernkastel durchbrechenden Thales, war es früher ebensowenig wie heute möglich,

1) Die Nummern der Wege sind auch in der Karte I.

einen kurzen nach der Mosel fallenden Verbindungsweg herzustellen. Es gilt dieses auch für die ganze Moselstrecke vom Dhron-Einfluß bis nach Bernkastel und weiter abwärts bis Trarbach.

Bei Anlage dieser heutigen „Mosel-Nahe-Straße" hat man sowohl den mittleren höchsten Hauptrücken im tiefsten Längssattel „O. K.'s. Hütte" — 655 m ü. N. N. — als auch den II. Hochwaldrücken im tiefsten Längssattel „Gonzerath" — 519,5 m ü. N. N. — ziemlich richtig überschritten, aber die Leitung der Straße von dem Sattel im I. Hauptrücken bis zur Ueberschreitung des Dhronbaches bei Morbach — 420 m ü. N. N. — und von da bis zum Sattel „Gonzerath" im II. Hochwaldrücken und weiter, ist keine regelrechte. Bei Vermeidung nicht gebotener Gegenneigungen und bei möglichst gleicher Vertheilung der Höhenunterschiede zwischen den gegebenen Punkten hätten die starken und die Gegenneigungen theils vermieden, theils gemildert werden können.

Bernkastel am Ausgang des, ursprünglich sogar für den Fußgänger-Verkehr geschlossenen, stark steigenden engen Thales ist überhaupt ein ungünstiger Durchgangspunkt für diese Landstraße, eine bessere Verbindung mit der Mosel hätte vom tiefsten Sattel des II. Hochwaldrückens bei Gonzerath durch das Thal über Veldenz nach Mühlheim a. d. Mosel hergestellt werden können. Diese Leitung war für die Herstellung einer regelrechten Landstraße schon dadurch angezeigt, weil dem Dorfe Mühlheim gegenüber auch das Lieserbach-Thal ausläuft, in welchem die richtige Weiterführung dieser Landstraße in die Eifel liegt.

Die Fortsetzung der Landstraße im Nahegebiet vom Längssattel „O. K.'s-Hütte" im I. Hauptrücken nach der Nahe hin durchzieht wieder richtig den im Gelände vorgezeichneten Quersattel „Hüttgeswasen" — 660,6 m ü. N. N. Bei dem Unterschied der Höhenlage beider Sättel von rund 6 m hätte bei gleicher Vertheilung desselben ein Weg 6 km lang mit 0,1 %, also nahezu in ebener Lage hergestellt werden können, man hat aber die Straße 5 km lang in ziemlich gerader Richtung über die Höhe nach Hüttgeswasen geführt und dadurch Gegenneigungen und Wegstrecken mit 8 % Neigung geschaffen. Bei der Weiterführung ins Nahethal war, wie schon angedeutet, die Herstellung der Straße in möglichst gerader Richtung nach der Stadt Birkenfeld maßgebend, wobei durch Ueberschreitung des III. Birkenfelder Hochwaldrückens und des Hambachthales Gegenneigungen und Wegstrecken mit erheblicher Neigung hergestellt worden sind.

Die im Gelände vorgezeichnete regelrechte Verbindung des Quersattels „B Hüttgeswasen" mit dem Nahethal führt durch das Traunthal, diese Leitung hätte aber die Stadt Birkenfeld nicht berührt. Bei dem Höhenunterschied des Quersattels „Hüttgeswasen" und des Bahnhofes Birkenfeld-Neubrücke — 341,39 m ü. N. N. — von 319,2 m würde diese 17 km lange Linie (1 km länger als die ausgebaute Straße) einen durchschnittlichen Fall von rund 2 % erhalten haben [1]).

Der bis hierher besprochene beste Verkehrsweg im Staatswaldgebiet von Bernkastel über Morbach, O. K.'s-Hütte, Hüttgeswasen nach Birkenfeld bezw. Birkenfeld-Neubrücke hat eine Länge von 39 bezw. 44 km.

Vom Sattel „O. K.'s-Hütte" im I. mittleren Hauptrücken, also von der Mitte des Waldes, beträgt die Entfernung:

nach Bernkastel an der Mosel . . . 23 km
nach den Bahnhöfen Birkenfeld . . . 16 km
und Birkenfeld-Neubrücke im Nahethal 21 km.

Obwohl der Ausbau dieser Straße tadellos, auch die Unterhaltung eine gute ist, kann der Gegenneigungen wegen bis zu den Endpunkten, namentlich nach der Mosel hin, volle Fracht nicht geladen werden, dabei kostet noch jede Wagenladung mit zwei Pferden nach den beiden Endpunkten mindestens eine Tagesfahrt (12 bis 15 Mark), wenn das Holz nahe an der Straße lagert.

Nr. 2. Die über die Höhe des Hunsrückens von Simmern über Kirchberg und Büchenbeuren führende Landstraße erreicht oberhalb dem Dorfe Hochscheid den Regierungsbezirk Trier, führt von da etwa 5 km lang an dem II. Hochwaldrücken entlang, zweigt 1 km hinter dem Stumpfethurm nordwestlich ab und erreicht 1 km vor Longkamp die unter 1. beschriebene Landstraße von Birkenfeld nach Bernkastel. Die Entfernung vom Eintritt dieser Straße in den Regierungsbezirk Trier bis nach Bernkastel beträgt 18 km, ihr Ausbau ist tadellos, sie verläuft zunächst mit geringer Neigung, aber von Gegenneigungen ist sie bis zu ihrem Einlauf in die Straße unter 1. auch nicht frei, sie vermittelt die Holzabfahrt aus den drei nordöstlichen Schutzbezirken der Oberförsterei Morbach an die Mosel bei Bernkastel bei Entfernungen vom I. mittleren Hauptrücken von 18 bis 25 km.

Nr. 3. Von der Landstraße unter 1. zweigt in Longkamp die durch das Kautenbachthal verlaufende Landstraße nach Trarbach ab, sie ist die zweite an die Mosel führende Wegrichtung, ist gut ausgebaut

[1]) Diese regelrechte Weglage wird nur der Vollständigkeit dieser Darstellung halber besprochen, sie würde nur einige km preußisches, im übrigen Oldenburgisches Gebiet berühren.

und stets fallend, die Verbindung des Staatswaldes mit der Mosel nach Trarbach ist aber 6 km weiter als die nach Bernkastel.

Nr. 4. Die dritte, nach Mühlheim zur Mosel führende Landstraße zweigt von der Straße unter 2. etwa 2,5 km oberhalb Longkamp ab, überschreitet die Landstraße unter 1. und geht stets fallend über Monzelfeld nach Mühlheim. Die Verbindung des Staatswaldes mit der Mosel mittels dieser Wegrichtung ist auch 3 km länger als auf dem Weg Nr. 1 nach Bernkastel.

Nr. 5. Von der Landstraße unter 1. geht auch der bei der Idarbrücke beginnende Landweg über den Sattel Hangendebirke, Thalfang, Berglicht, Papiermühle, Dhron nach Neumagen a. d. Mosel ab, sein Verlauf im Moselgebiet beginnt im Sattel Hangendebirke des I. Hauptrückens, er fällt bis nach Thalfang, muß aber von da ab auf einer Strecke von 1,8 km 130 m Höhenunterschied überwinden (Thalfang 421 m ü. N. N., Haardtwaldhöhe 551 m ü. N. N.). Die Entfernung vom I. Hauptrücken bis zur Mosel beträgt 25 km. Abgesehen von der steilen Wegstrecke hinter Thalfang (10 %), ist die Verbindung mit der Mosel auch wegen der großen Entfernung für die Holzverfrachtung im Staatswalde nahezu werthlos.

Auf diesen 5 im Moselgebiet verlaufenden, mit dem Staatswald in Verbindung stehenden und gebrachten Wegen ist die Zufuhr der Walderzeugnisse zur schiffbaren Mosel und zur Stichbahn von Wengerohr nach Bahnhof Cues-Bernkastel ausführbar, die Entfernungen auf diesen Wegen vom I. mittleren Hauptrücken zur Mosel und zur Stichbahn betragen 18 bis 25 km.

Dadurch, daß im Nahegebiet der III. Birkenfelder Hochwaldrücken zweimal durch Thalbildungen durchbrochen ist, lag die Möglichkeit vor, vom Staatswalde aus in diesen Thälern meist fallende Thalwege zur Nahe herzustellen.

Im ersten Durchbruche, dem Idarthal, ist abgehend von der Idarbrücke (648,4 m ü. N. N.), welche die Ueberführung der Landstraße unter 1 über den Idarbach herstellt, in den Jahren

Nr. 6. 1865—1870 eine Landstraße über Allenbach, Katzenloch, Idar nach Oberstein a. d. Nahe, anfangs auf Preußischem, dann auf Oldenburgischem Gebiet mit günstigem Gefälle regelrecht gebaut worden. Vom Längssattel „Hangende Birke“ und vom Längssattel „Kempfelderweg“ im I. Hauptrücken betragen die Entfernungen bis Bahnhof Oberstein 21 bezw. 19 km.

Nr. 7. Im zweiten Durchbruche, dem Traunthale, ist auf Oldenburgischen Gebiet von der Landesgrenze unterhalb des Dorfes Börfink ab, über Abentheuer und Brücken bis zum Ausgange des Thales bei Bahnhof Birkenfeld-Neubrücke ein Landweg ausgebaut, dessen oberste Strecke von Börfink nach Abentheuer nicht regelrecht geleitet ist, der fühlbarste Mangel besteht aber darin, daß man bis jetzt eine beiderseitige Vereinbarung über die Zusammenführung der Wege auf der Landesgrenze versäumt und dadurch den Verkehr hindernde Mißstände herbeigeführt hat. Namentlich auf Preußischem Gebiet liegt die Wegverbindung aus dem Staatswalde mit dem regelrechten Thalwege nicht in der im Gelände vorgezeichneten Thalbildung. Von dem Längssattel Ruppelstein im I. Hauptrücken bis zum Bahnhof Birkenfeld-Neubrücke beträgt die Entfernung 14 km.

Nr. 8. Die dritte Verbindung des Staatswaldes im Nahegebiet mit der Vollbahn im Nahethal verläuft in dem den III. Birkenfelder Hochwaldrücken auf seiner Nordostseite begrenzenden Fischbachthale. Es ist nicht von seinem Ursprunge im Längssattel Grauekreuz des I. Hauptrückens an aufgeschlossen, nur von Kempfeld aus besteht eine unmittelbare, aber vielfach mit Gegenneigungen behaftete Wegverbindung über Herrstein mit dem Bahnhofe Fischbach im Nahethal. Die Entfernung vom Sattel Grauekreuz nach diesem Bahnhofe beträgt 23,5 km.

Die letzte unmittelbare Verbindung des Staatswaldes im Nahegebiet mit der Vollbahn im Nahethal vermitteln die Wege in dem in Kirn a. d. Nahe ausmündenden Hahnenbachthale, welches im Quersattel A „Zolleich" beginnend, den I. Hauptrücken im Norden und Nordosten umsäumt und gleichzeitig die Grenze zwischen dem Idarwald und den Ausläufern des Soonwaldes bildet.

Nr. 9. Im untersten Drittel dieses Thales liegt die von Büchenbeuren, über Laufersweiler, Rhaunen, Bundenbach nach Kirn führende Landstraße, welche auf Preußischem Gebiete zum kleinsten Theil den Regierungsbezirk Trier, meistens den Regierungsbezirk Koblenz, in der Mitte ihres Verlaufes auch Oldenburgisches Gebiet durchzieht. Von Rhaunen nach Kirn hat die 17 km lange Wegstrecke mehreremal Gegenneigung, etwa 4 km lang ist Steigung zur Nahe hin bis zu 6 %.

Nr. 10. Von Rhaunen aufwärts führt unmittelbar im Thal kein Weg; mit Ausnahme von Crummenau liegen auch die Dörfer abseits des Thales auf den Anhöhen, den fehlenden Thalweg ersetzt auf rechter Thalseite der von Rhaunen über Weitersbach, Horbruch bis zum Halbsattel oberhalb Hochscheid im II. Hochwaldrücken führende Landweg, welcher sich dort mit der Landstraße unter Nr. 2 vereinigt. Die Strecke dieses Weges von seinem Uebergang über den Hahnenbach unweit der Staatswaldgrenze bis nach dem Dorfe Horbruch ist so steil, daß diese Verbindung mit der Landstraße unter Nr. 2 als Zufuhrweg für das Moselgebiet wenig Bedeutung hat.

Vom Hahnenbach abwärts bis zum Dorfe Weitersbach verläuft dieser Weg ziemlich nahe am Staatswald entlang, durchzieht ihn auch 550 m weit und schließt ihn in seiner ganzen Länge auf. Die Entfernung auf den beiden unter Nr. 9 und 10 beschriebenen Wegen vom I. Hauptrücken bis zum Bahnhof Kirn beträgt 21 km.

Die im Gebiet der Nahe liegenden unter Nr. 6 bis 10 beschriebenen 4 Abfuhrrichtungen aus dem Staatswalde bis zur Vollbahn im Nahethal und zu ihrer Stichbahn nach Birkenfeld liegen sämmtlich in Thälern, welche im Nahethal ausmünden. Die Entfernungen auf diesen Wegen vom I. Hauptrücken im Staatswalde bis zu den gedachten Bahnhöfen betragen zwischen 14 und 25 km. Die kürzeste Verbindung im Traunthal hat die ungünstigsten Wegverhältnisse.

Diese für den Außenverkehr im Mosel- und Nahegebiet beschriebenen unmittelbaren Wegzüge werden innerhalb des Waldgebietes noch ergänzt durch die Landwege:

Nr. 11, vom Katzenloch über Kempfeld, Bruchweiler nach Morbach mit Neigungen bis 11 %,

Nr. 12, von Bruchweiler, über Sattel Grauekreuz und Hinzerath bis zur Landstraße unter Nr. 2 mit Neigungen bis zu 13 %.

Im Uebrigen vermitteln die Zufuhr zu den Außenverkehrswegen, aber hauptsächlich den Binnenverkehr die Landwege:

Nr. 13, der Asbacher Weg über den Stern nach Sattel „Zolleich“,

Nr. 14, von Stipshausen über den Sattel Stipshausenerweg nach Bischofsdhron und Morbach (der alte Rhaunener Weg) mit Abzweigung nach Hochscheid bei Neigungen bis 10 %.

Nr. 15, von Allenbach über Wirschweiler nach Morbach bis 10 % Neigung,

Nr. 16, von Sensweiler nach Hoxel bis 11 %,

Nr. 17, von Hüttgeswasen nach Dhronecken (der sog. Casparsweg),

Nr. 18, von Hüttgeswasen über Börfink, Muhl, Züsch nach Otzenhausen mit vielfachen Neigungen bis 10 %,

Nr. 19, von Börfink bezw. Einschiederhof nach Malborn, theilweis sehr steil,

Nr. 20, von Züsch nach Hermeskeil bis 13% Neigung mit Abzweigung über Damflos nach Thiergarten bis 9% und zur Landstraße 21.

Mit diesen Landwegen stehen vielfach Gestelle der alten Eintheilung in Verbindung; ihre fahrbaren Strecken nebst einer Menge von alten Querwegen durch die verschiedenen Forstorte vermittelten bisher die Holzabfahrt.

Nr. 21, Die Landstraße von Hermeskeil über Nonnweiler nach Türkismühle durchzieht den abgelegenen Theil des Staatswaldes im Schutzbezirk Nonnweiler 830 m lang und begrenzt die südlichste Spitze des Hauptwaldtheiles 140 m weit unmittelbar bei dem Dorfe Nonnweiler, ihre Fortsetzung von Hermeskeil über Dhronecken, Thalfang, Morbach bezw. bis zur Landstraße Nr. 1 hat für die Fortschaffung der Walderzeugnisse wenig Werth, sie verbindet nur die seitlich des Waldkörpers gelegenen Hauptorte.

Die aufgezählten Landwege sind im Laufe der Zeit nach und nach entstanden, daher fehlt ein planmäßiger Zusammenhang. Ihre Herstellung verdanken die meisten dem jeweiligen Bedürfniß einer Wegbarmachung von Dorf zu Dorf. Auf einen guten Verlauf derselben ist in früherer Zeit wenig Werth gelegt worden, vielfach hat man auch beim Herstellen von Steinbahnen die ursprünglichen Fuß- oder Fahrwege, wie sie der Gebrauch einmal geleitet hatte ohne Verbesserung ungünstig verlaufender Strecken benutzt. Die Einsattelungen in den Bergrücken sind zur Ueberschreitung zwar meistens richtig gewählt, aber mit zu starker Steigung erreicht und mit zu raschem Falle wieder verlassen worden.

Die Thalzüge, diese Fingerzeige für den Wegbauer im Gebirge, hat man vielfach bei Anlage der Hauptwege zu wenig beachtet, oft hat auch die Lage der Dörfer auf den Anhöhen die ungünstigen Weglagen verschuldet [1]).

[1]) Im Nassauischen Westerwald findet man in den Hochlagen das Ackerland häufig auf den höchsten Bergrücken, Salzburgerkopf — 654,5 m ü. N. N. — u. s. w., den Wald dagegen in den feuchten Thälern. Bei der Urbarmachung solcher Höhen mit schwerem Boden (dort Basalt) gab man zur Herrichtung von Ackerland den Höhenlagen darum den Vorzug, weil das Gelände im Frühjahr zum Bebauen zeitiger trocken wurde und sich dadurch rascher erwärmte, daher auch dort die Dörfer vielfach auf den Anhöhen und die Verbindungswege über Berg und Thal. Aehnlich sind die Verhältnisse im Hochwald und Hunsrück, wo die Dörfer mit ausgedehnten Ackerfluren vielfach auf den Hochlagen und Rücken liegen.

II. Abschnitt.

Das grundlegende Netz der „Hauptwege" und der „Graden Abfuhrwege".

(Karte III.)

Bei den „Waldwegen", welche der Waldbesitzer für seine Zwecke und auf seine Kosten baut und unterhält, unterscheide ich:

1. „Hauptwege", die größeren durchgehenden Anlagen, welche die Hauptabsatzorte, die Ladestellen der Eisenbahnen, auch günstige Anschlußpunkte der öffentlichen Wege mit den wichtigsten Sammelpunkten im Walde verbinden.
2. „Grade Abfuhrwege"[1]), welche die Walderzeugnisse von den einzelnen Sammelpunkten im Walde auf der zulässig kürzesten Linie nach den verschiedenen Absatzorten bringen.
3. „Wirthschaftswege", alle übrigen Wege, welche den Aufschluß des Waldes vervollständigen.

   Verschiedene Sonderbezeichnungen dieser Wirthschaftswege, z. B. Thalweg, Randweg, Thalrandweg, Höhenrandweg, Steigweg, Fallweg, Nullweg, Hangweg, Ringweg, Sackweg, Zubringer, Durchforstungsweg u. s. w., dienen nur dazu, die Lage, besondere Zwecke und Eigenschaften dieser Wege zu versinnlichen.

Unter den Begriff „Eintheilungsweg" fallen alle Wege ohne Ausnahme, also auch die öffentlichen, oder Theile der verschiedenen Wege, sobald sie zur Abgrenzung von „Jagen" oder Abtheilungen benutzt werden.

---

[1]) Es ist mir nicht gelungen einen kürzeren, allgemein verständlichen Ausdruck für diese Art von Wege zu finden, wir nannten sie früher „direkte Wege", aber ich vermeide in dieser Arbeit grundsätzlich wälsche Ausdrücke.

Die Aufgabe, für das vorliegende Staatswaldgebiet ein Wegenetz zu entwerfen, wurde im Jahre 1885 gestellt.

Damals war nur das in Abschnitt I, 2 beschriebene Vollbahnnetz mit den Stichbahnen von Wengerohr—Cues-Bernkastel, Pünderich—Traben-Trarbach und Birkenfeld-Neubrücke—Stadt Birkenfeld ausgebaut.

Nach Feststellung der in dem ersten Abschnitt dargelegten Verhältnisse lag klar vor Augen, daß durch die besten Wege im Walde und ihren unmittelbaren Anschluß an die vorhandenen Landstraßen und die übrigen öffentlichen Wege das zu erstrebende Ziel einer besseren Rentbarmachung des Staatswaldbesitzes nur unvollkommen zu erreichen war.

Wie bereits im Einzelnen nachgewiesen wurde, ist im Moselgebiet der Hauptweg Nr. 1 für den Außenverkehr zu ungünstig angelegt, aber namentlich sind in diesem und im Nahegebiet alle Hauptwege, sowohl zur Mosel sowie auch zur Nahe, für eine Holzverfrachtung zu weit. Die hohe Landfracht drückt den Reinertrag der Wirthschaft zu sehr herab, die geringen Holzsorten können diese Landfracht überhaupt nicht ertragen.

Auch die Holz verbrauchenden Anlagen, welche bis dahin nur im Nahegebiet entstanden sind, ändern die Lage nicht wesentlich, sie alle rechnen angesichts der Absatznoth auf geringe Ankaufspreise.

Nach allen Erwägungen konnte darüber kein Zweifel mehr obwalten, daß das einzige Heil für den Staatswald nur aus der Erweiterung des Eisenbahn-Nebennetzes erwachsen könne, es war daher die nächste Aufgabe, diesen Plänen volle Aufmerksamkeit zuzuwenden.

Leider ließ die im Jahre 1885 schon geplante Nebenbahnlinie Trier—Hermeskeil—Wemmetsweiler mit Abzweigung nach Türkismühle den Staatswaldbesitz ohne besondere Beachtung. Die Bemühungen der Forstbehörden, die Linie Trier—Hermeskeil—Türkismühle bei Reinsfeld, anstatt durch die freie Feldmark, mehr durch schützendes Waldgelände und dadurch dem Osburger Hochwalde näher zu führen, anstatt im weiteren Verlaufe die Linie zu lange das Lösterthal einhalten zu lassen und dadurch den Bahnhof Hermeskeil so tief ins Thal zu legen, diese Linie schon früher, östlich von Hermeskeil, ins Primsthal zu leiten, blieben erfolglos, die Bahn führt heute 300 m an der südlichsten Spitze des Staatswaldes vorbei. Durch diese Führung kommt diese Nebenbahn nur noch für den Staatswald im Saar- und Nahegebiet mit den zwei Bahnhöfen „Nonnweiler“ und „Otzenhausen“ in Betracht. Der Bahnhof „Hermeskeil“ tief im engen Lösterthal behält nur eine geringe Bedeutung, er liegt sehr weit vom Walde ab, das zwischen ihm und dem Staatswalde verlaufende tiefe Primsthal erschwert dazu noch die Zufuhr der Walderzeugnisse, weil ein Grader Abfuhrweg im oberen Primsthal noch fehlt, annehmbare Wege im unteren Thal nicht möglich sind.

An und für sich sind die Bahnhöfe Nonnweiler und Otzenhausen zunächst nur für die Schutzbezirke Nonnweiler und Neuhütten der Oberförsterei Hermeskeil von Werth.

Nach dem Mißerfolge der Bemühungen, die gedachte Nebenbahn durch ihre Leitung östlich von Hermeskeil ins Primsthal dem Haupt-Staatswaldtheil näher zu bringen, steigerte sich das Interesse an der für die Forstverwaltung und für die Bevölkerung der Hochlagen zur Verbesserung ihrer wirthschaftlichen Lage in gleichem Maße wichtigen Höhenbahn von Hermeskeil nach Simmern, bezw. zur Nahe und zum Rhein. Diese für den Aufschluß der Hunsrück-Hochlagen geeignetste Linie lag zwar auch im Plane der Eisenbahnbehörde, es verzögerte sich aber die Ausführung der mittleren Strecke durch den zuerst ins Auge gefaßten Anschluß an die Nahe-Vollbahn von Simmern nach Langenlonsheim.

Bei der sicheren Voraussicht eines demnächstigen geeigneten Aufschlusses der Staatswaldflächen im Moselgebiete konnte sich die Forstverwaltung vorerst beruhigen und zur Wegenetzlegung im Walde schreiten. Vor Beginn dieser Arbeit im Waldesinnern war es erforderlich, den voraussichtlichen Verlauf der Hochwald-Höhenbahn im Bereiche des Staatswaldes so genau als möglich festzustellen. Diese Untersuchung ergab, daß von Hermeskeil bezw. von der Bahnunterführung bei dem Weiler Höfchen eine flache Einsattelung in der Wasserscheide zwischen Mosel und Saar westlich vom Dorfe Abtei, ferner der schwache Sattel in der Wasserscheide zwischen der Kleinen und Großen Dhron am Kirchenberg unweit des Dorfes Deuselbach zur Ueberschreitung gewählt werden würden, daß auch unzweifelhaft der Quersattel „A Zolleich" — diese hohle Gasse — als Durchgangspunkt benutzt werden muß. Der ins Einzelne gehende Verlauf der Bahn konnte weniger vorausgesagt werden, weil die Lage der Linie zwischen den gedachten Ueberschreitungs- und Durchgangsstellen sich je nach der Wahl der anzuwendenden Neigungsgrade ändern muß, man konnte aber annehmen, daß die aus dem Walde kommenden Landwege nach: Dhronecken Nr. 17, Thalfang Nr. 5, Horel Nr. 16, Morbach Nr. 11, Hinzerath Nr. 12 und die Landstraße Nr. 1 (siehe Abschnitt I, 4) von der Bahn überschritten würden.

Für das Moselgebiet wird hiernach mit Herstellung der Hochwald-Höhenbahn die Sorge um besseren Absatz der Walderzeugnisse verschwinden, ungünstig bleiben vorerst die Verhältnisse im Nahegebiet.

Nur für die zwei südlichsten Schutzbezirke im Saargebiet ist der Aufschluß durch die Bahnhöfe „Nonnweiler" und „Otzenhausen" gesichert, schon für den zunächst angrenzenden Schutzbezirk Züsch erschwert, wie nach dem Bahnhof Hermeskeil das Primsthal, so nach Nonnweiler und Otzenhausen das Königsbachthal die Landverfrachtung. Auf den diese Thäler überschreitenden Wegen Nr. 20 und Nr. 18 kann bei ihren ungünstigen Neigungen bis 14% kaum halbe Fracht geladen werden.

Für alle weiter liegenden Waldflächen auf der Südostseite des I. Hauptrückens im Nahegebiet kommt die Nebenbahn nach Türkismühle überhaupt nicht mehr in Frage, so lange keine Wald- oder Kleinbahn mit Anschluß an den Bahnhof Nonnweiler hergestellt wird, bleiben für sie, nach wie vor, die unmittelbaren Abfuhrwege Nr. 1, 6 und 7 zur Nahe-Vollbahn bestehen.

Die Gebirgsbildung nordwestlich vom I. Hauptrücken ist im Moselgebiet grundverschieden von der auf seiner Südostseite im Nahegebiet, dort bildet der undurchbrochene II. Hochwaldrücken das weite Längsthal der Großen Dhron, in welchem sich die Höhenbahn in ihrem Verlaufe vom Sattel bei Deuselbach bis zum Quersattel „A Zolleich" im Abhang des I. Hauptrückens an die Staatswaldflächen anschmiegt, hier im Nahegebiet bilden aber alle vom I. Hauptrücken ausgehenden Wasserläufe Querthäler, welche sämmtlich senkrecht zum Nahethal ausmünden.

Wenn auch bei einer Weiterentwicklung des Eisenbahnnetzes die Maschen noch viel enger als heute gezogen werden sollten, wird nicht daran gedacht werden, zwischen der Nahe-Vollbahn und der Höhenbahn Hermeskeil — Simmern noch eine mit beiden gleichgerichtet laufende Nebenbahn anzulegen. Für weitere Bahnherstellungen weist die Geländeausformung mehr auf die Anlage von Kleinbahnen in den gedachten Querthälern aufwärts hin.

So ist zu erwarten, daß nach dem Ausbau der Höhenbahn der Anschluß an dieselbe vom Bahnhof Kirn a. d. Nahe über Rhaunen durch das Hahnenbachthal angestrebt wird. Von den zwei zu wählenden Anschlüssen, Bahnhof Büchenbeuren oder Sattel „A Zolleich", wäre der letztere deßhalb der vortheilhafteste, weil von da aus noch zwei andere Kleinbahnlinien durch das Thal der Großen Dhron nach Neumagen und über Gonzerath nach Mühlheim und Bernkastel zur Mosel im Gelände vorgezeichnet sind.

Auch vom Bahnhof Oberstein über Idar nach Katzenloch, vielleicht auch weiter auf die Höhe werden Kleinbahnen geplant.

Die geschilderten Absatzverhältnisse im Nahegebiet, dann aber auch die Thatsache, daß bei den vorhandenen und in Aussicht stehenden Ladestellen der Nebenbahnen immer noch erhebliche Entfernungen für Landfrachtbeförderung aus dem Inneren des ausgedehnten Waldgebietes zu diesen Ladestellen verbleiben werden, mußte zu der Erwägung und Untersuchung veranlassen, ob nicht die Hauptlinien des Wegenetzes mit Anwendung der für Kleinbahnen zulässigen Neigung so zu leiten seien, um sie unmittelbar mit Ladestellen der Nebenbahnen verbinden und gegebenen Falles auch mit Schienen belegen zu können. Die Erzielung dieser doppelten Brauchbarkeit solcher Linien für Landverfrachtung oder auch als Schienenweg ist aber dann von Werth und zulässig, wenn der Verwendbarkeit als Schienenweg nennenswerthe Opfer, etwa durch Verlängerung der Weglinien u. s. w., nicht gebracht werden müssen, der Vortheil solcher doppelt brauchbaren Netze besteht aber darin, daß sie den Wald vor Umarbeitungen und vor doppeltem Flächenverbrauch bewahren, falls die Herstellung von Schienwegen erforderlich wird und nachträglich ausgeführt werden muß.

Die Hauptwege. (a bis l.)

Nur zum Bahnhof Nonnweiler der Linie Hermeskeil—Türkismühle einerseits und zur Ladestelle im Quersattel „A Zolleich" der Höhenbahn Hermeskeil—Simmern anderseits können unmittelbare Anschlüsse von Waldbahnlinien hergestellt werden. Beide Stellen liegen zwar nicht auf Staatsgrund, aber es ist möglich, das zur Verbindung mit dem Walde erforderliche fremde Gelände zum Bahnhof Nonnweiler zu erwerben und die Ladestelle Zolleich liegt dicht an der Staatswaldgrenze auf käuflichem Gelände.

Das Streben zielte nun dahin, beide entgegengesetzte Anschlußpunkte, deren Luftlinie den größten Theil des Waldkörpers durchscheidet, günstig mit Hauptwegen zu verbinden, auf welche auch später, sobald es angezeigt erscheint, Schienen gelegt werden können.

a) Der südlichste Theil der Staatswaldfläche im Nahegebiet liegt zwischen dem I. Hauptrücken und dem III. Birkenfelder Hochwaldrücken, er muß daher zu dem Bahnhof Nonnweiler, welcher am Ausgange des letztgenannten Rückens im Saargebiet liegt, aufgeschlossen werden. Die kürzeste Aufschlußlinie liegt zwischen beiden Rücken.

Bei der Gebirgsausformung sind zwischen diesen Rücken die zwei Quersättel „B Hüttgeswasen — 660,6 m ü. N. N. — und „C Muhl" — 608 m ü. N. N. — ausgeformt worden, es blieb daher festzustellen, mit welchen Neigungen die Linie Hüttgeswasen—Bahnhof Nonnweiler — 395 m ü. N. N. — herzustellen ist. Der Höhenunterschied zwischen beiden Punkten beträgt (660,6—395) 265,5 m, die Entfernung etwa 20 km, es könnte also bei günstiger Bodengestaltung eine Weglinie von etwa $\left(\frac{265,6}{20 . 10}\right)$ 1,3 % Neigung ins Gelände niedergelegt werden.

Der gleichmäßigen Anwendung dieser Neigung tritt aber der Quersattel „C. Muhl" mit seiner Höhenlage von 608 m in den Weg: Zwischen beiden Quersätteln liegen bei einer Entfernung von etwa 10 km $\left(\frac{660,66—08}{10 . 10} = \frac{52,6}{100}\right)$ rund 0,5 % zwischen Sattel „C. Muhl" und „Bahnhof Nonnweiler" bei derselben Entfernung von etwa 10 km $\left(\frac{608-395}{10 . 10}\right)$ rund 2,1 % Neigung im Gelände. Mit diesen zwei verschiedenen Neigungen ist also der Weg von Sattel Hüttgeswasen nach Bahnhof Nonnweiler im günstigsten Falle herzustellen. Nur wenn der Sattel Muhl anstatt 608 m, 528 m ü. N. N., also 80 m tiefer liegen würde, hätte ein Weg von Sattel Hüttgeswasen über Sattel Muhl nach Bahnhof Nonnweiler mit dem mittleren Gefälle von 1,3 % hergestellt werden können. Es bestimmt also im vorliegenden Falle der Quersattel „C. Muhl" mit seiner Höhenlage das Maß der Abweichung für die beiden hier nach Lage der Bodengestaltung ausführbaren Wegstücke von Sattel Hüttgeswasen nach Sattel Muhl und von da nach Bahnhof Nonnweiler, von der mit 1,3 % gedachten Verbindungslinie der beiden Endpunkte: Sattel Hüttgeswasen und Bahnhof Nonnweiler. Eine günstigere Verbindung beider Endpunkte als über Sattel Muhl ist überhaupt nicht möglich, als Wasserscheide zwischen dem Hengstbach, einem Zufluß des Traunbaches und dem Königsbach, einem Zufluß des Primsbaches, ermöglicht er die Leitung des Weges auf die linke Seite des Königsbaches, wodurch allein die ungünstige Thalüberschreitung bei dem Dorfe Züsch für die neue Richtung „Sattel Hüttgeswasen" nach „Bahnhof Nonnweiler" umgangen werden kann.

Bei der endgiltigen Festlegung dieser Wegerichtung auf das Gelände ist der ersten Strecke von Hüttgeswasen nach Muhl, wechselnd ein Fall von 0 % bis 2 % gegeben worden, theils zwecks Herbeiführung einer richtigen Verbindung mit den übrigen Linien des Wegenetzes, theils um sumpfige Strecken umgehen, billigeren Ausbau herbeiführen und günstigere Wegkrümmungen bei der Wegeleitung über Wasserläufe herstellen zu können.

Der zweiten Strecke von Muhl nach Bahnhof Nonnweiler ist auch ein wechselnder Fall von 0,5 % bis 3 % gegeben worden. Um die Feldmark Neuhütten so kurz als möglich zu berühren und dadurch die Linie länger durch den Staatswald leiten zu können, sind anfangs nur 0,5 %, im weiteren Verlauf bis 1,5 %, auf der letzten Hälfte der Linie bis zu 3 % Fall angewendet worden.

Von der Gesammtlänge dieses Hauptweges mit rund 20 km führen:

16 890 m durch Preußischen Staatswald,
450 m durch den Bann von Muhl,
660 m " " " " Neuhütten,
660 m " " " " Nonnweiler,
1 340 m durch Großherzoglich Oldenburgischen Staatswald.

Die Inanspruchnahme dieser letzteren Fläche war durch die Lage des Quersattels Muhl, dem vorgezeichneten Durchgangspunkt auf Oldenburgischem Gebiet, nicht zu umgehen.

Der alte Landweg von Hüttgeswasen nach Otzenhausen Nr. 18 und von da durch Vermittelung der Landstraße Nr. 21 nach Nonnweiler führt dicht an Tranenweiher und Börfink vorbei, geht über Muhl, Züsch, Neuhütten und Otzenhausen, ist etwa 1 km länger als die neu geplante Verbindung, er verläuft

11,0 km durch Preußischen Staatswald,
1,5 begrenzt er denselben,
8,5 km durchzieht er die genannten Gemarkungen;

bei den Dörfern Muhl, Züsch und Neuhütten hat er bis zu 11 % Neigungen und Gegenneigungen; durch den neu geplanten Weg wird er nirgends entbehrlich, denn bei seiner Anlage war mehr die Verbindung von Dorf zu Dorf als der Aufschluß des Staatswaldes maßgebend. Einmal, bei dem Dorfe Muhl, kreuzen sich beide Wege, im Staatswalde, hinter Neuhütten, fallen beide auf etwa 1 km zusammen.

Der neue Hauptweg ist die kürzeste Verbindung der beiden Endpunkte, bei seiner geringen Neigung zum Thal ist er auch für die Auffahrt zum Waldesinnern gut brauchbar, aber der Schwerpunkt für seine Beurtheilung liegt in seiner Brauchbarkeit als Schienenweg, sobald die Verhältnisse diese Verwendung wünschenswerth erscheinen lassen.

Diese Verwendbarkeit zum Schienenweg ermöglicht es aber auch, durch diese Waldbahnlinie die geschilderten ungünstigen Absatzverhältnisse des südöstlichen Staatswaldtheiles im Nahegebiet sofort und gründlich zu beseitigen, die schwierigste Aufschlußfrage im gesammten Gebiet ist mit ihrer Herstellung gelöst.

Für jede Wegenetzlegung sind die stärksten und die starken Einsattelungen in der Längsrichtung der Gebirgszüge und bei zusammengesetzten Gebirgsstöcken, besonders noch die Quersättel die gebietenden Punkte.

Zur Weiterarbeit im vorliegenden Waldgebiet sind es nur die in Abschnitt I, 1 besprochenen vier Quersättel, A bis D, und die beiden Längssättel bei „O. K.’s-Hütte“ und am „Dhronecker Jagdhaus“. Die geringe Zahl von tiefen Längssätteln im I. Hauptrücken kennzeichnet die Gebirgsausformung, sie macht es unmöglich, günstige „Grade Abfuhrwege“, welche rasch zum Thal führen sollen, in gewünschter Anzahl herzustellen, vielfach hat sie auch die starken Neigungen der alten vorhandenen, zu Thal gehenden Wege verschuldet.

b) Von dem Quersattel „B. Hüttgeswasen“ im Nahegebiet war zunächst die beste Verbindung mit dem Moselgebiet zu suchen, sie war nur mit Hilfe eines Längssattels in der Wasserscheide im I. Hauptrücken zu erreichen. Es mußte hierzu der tiefste Sattel „O. K.’s-Hütte“, welcher nahezu gleich hoch mit „Hüttgeswasen“ liegt, gewählt werden. Die nahezu ebene Verbindung ist eine äußerst günstige, sie liegt ganz im Nahegebiet und stellt die erstrebte Verbindung mit dem Moselgebiet auf kürzestem Wege her.

c) das Bestreben die weitere Fortsetzung dieses ersten Hauptweges im Moselgebiet ebenso werthvoll zu gestatten als den ersten Wegzug von Bahnhof Nonnweiler nach Hüttgeswasen konnte sich nur verwirklichen, wenn ein passender Anschluß an die künftige Hochwald-Höhenbahn gefunden wurde. Der Quersattel „A. Zolleich“ ist dieser erwünschte Anschlußpunkt, nicht allein, weil er zur Durchführung dieser Nebenbahn benutzt werden muß und zu einem unmittelbaren Weg- oder Waldbahnanschluß günstig liegt, auch schon deshalb, weil von ihm aus weitere öffentliche Wege und künftige Kleinbahnen am zweckmäßigsten abgehen.

Bei dem Höhenunterschied der beiden Sättel „O.K.’s-Hütte“ und „Zolleich“ von (655—553,7) etwa 101 m und ihrer Entfernung von über 12 km war eine Verbindung von durchschnittlich $\left(\frac{101 . 100}{12000}\right)$ 0,8% möglich. Die im Gelände niedergelegte Linie hat nirgends über 1% Fall nach Sattel „Zolleich“.

Mit den dargestellten drei Wegzügen:

a) Nonnweiler—Hüttgeswasen	von	20	km
b) Hüttgeswasen—O.K.'s-Hütte	„	6	„
c) O.K.'s-Hütte—Zolleich	„	12,3	„
	zusammen	38,3	km

ist die möglichst kurze Linie geschaffen, welche die zu unmittelbarem Bahnanschluß geeigneten Bahnhöfe „Nonnweiler" und „Zolleich" der beiden Nebenbahnen Hermeskeil—Türkismühle und Hermeskeil—Simmern verbindet, gleichzeitig das Waldgebiet günstig durchquert und zufolge ihres Verlaufes durch die drei wichtigsten Quersättel und den tiefsten Längssattel die Aufnahme von Wegzügen aus allen Richtungen und aus allen Waldtheilen ermöglicht und dadurch zur Fortführung der Walderzeugnisse nach allen Richtungen dienen kann, also ins Nahegebiet durch die Nebenbahn Nonnweiler—Türkismühle, künftig auch „Zolleich—Simmern—Langenlonsheim", ins Moselgebiet durch die Nebenbahn „Nonnweiler—Trier" und die Hochwald Höhenbahn Zolleich — Trier, ins Saargebiet durch die Nebenbahn „Nonnweiler—Wemmetsweiler", auch künftig nach „Dillingen" und „Merzig".

Der Werth dieser Linie, welche als die Grundlage der Wegenetzlegung für unser Arbeitsfeld angesehen werden kann, wird noch dadurch erhöht, daß ihre beiderseitigen Endstücke von „Hüttgeswasen" nach „Nonnweiler" und von „O.K.'s-Hütte" nach „Zolleich" Gefälle haben, das Mittelstück von „Hüttgeswasen" nach „O.K.'s-Hütte" bei seiner ebenen Lage gleichwerthig für jede Abfuhrrichtung ist.

Diesen ersten das Waldgebiet in seiner Längsrichtung durchziehenden Hauptweg können die folgenden Linien vermöge ihres Verlaufes mit geringen Neigungen ebensogut zu einem Waldwegnetz wie zu einem Waldbahnnetz ergänzen:

d) Die Verbindung des Quersattel C. Muhl — 608 m ü. N. N. mit dem Quersattel „D. Ober dem Schillingerborn" — 650 m ü. N. N. —, sie hat bei einem Höhenunterschied beider Punkte von 42 m und einer Länge von 9 km eine Neigung von 0,4%. Die im Saargebiet verlaufende Linie ist mit einer Neigung nach dem Quersattel D nicht über 0,4% niedergelegt, überschreitet dabei das Fraubachthal oberhalb Züsch, schneidet die I. Hauptrückenlinie, berührt in ihrem Verlaufe den Landweg Nr. 20 von Züsch über Damflos nach Thiergarten in seinem am höchsten liegenden Punkte, durchzieht die Schutzbezirke Züsch und Thiergarten und verbindet das Nahe- und Saargebiet mit dem Moselgebiet. Der nächste Bahnhof der Hochwald—Höhenbahn in letzterem Gebiet vom Endpunkt im Quersattel D liegt bei Dhronecken 6 km entfernt.

Diese Wegeleitung schwächt gleichzeitig auch die ungünstigen Verkehrshindernisse zwischen dem Staatswald und der Nebenbahn Trier—Türkismühle, welche die beiden tiefen Thäler des Prims- und des Königsbaches bilden, so gut es die Gebirgsausformung ermöglicht, ab.

e) Die Verbindung des Quersattels „B. Hüttgeswasen" — 660,6 m — mit dem Längssattel „Dhronecker Jagdhaus" — 701,6 m —, 5 km lang, ist mit einer 1 % nicht erreichenden Neigung festgelegt, sie liegt im Nahegebiet und reicht bis zur Wasserscheide mit der Mosel. Zwischen dieser Weglinie und dem Mittelstück b des ersten durchgehenden Hauptweges liegen die massigsten Erhebungen des Gebietes und die zwei in Abschnitt I, 1 erwähnten unregelmäßigen Rückenbildungen, sie werden vollständig eingeschlossen durch die folgende Weglinie:

f) Die Verbindung der beiden tiefsten Längssattel im I. Hauptrücken auf seiner Nordwestseite im Moselgebiet.

Bei dem Höhenunterschied dieser beiden Sättel „Dhronecker Jagdhaus" — 701,6 m — und O.K.'s-Hütte — 655 m — von 46,6 m und einer Entfernung von 10500 m hat die Linie einen durchschnittlichen Fall von 0,44 % nach „O.K.'s-Hütte". Oberhalb dieses Weges liegen die zwei durch den Längssattel „Hangendebirke" getrennten Erhebungen, die höchste mit dem Erbeskopf — 817,8 m — zwischen diesem aus dem Sattel „Dhronecken Jagdhaus", die andere mit dem „Auerhahnskopf" — 755,6 m — zwischen „Hangendebirke" und „O.K.'s-Hütte". Um beide Waldkörper mit dieser Weglinie gleich gut aufzuschließen, wurde der gesammte Höhenunterschied beim Niederlegen der Linie von Sattel „Dhronecker Jagdhaus" bis zum Siebenbornsbach unterhalb des Sattels „Hangendebirke" mit — 0,8 % verbraucht, die Reststrecke bis Sattel „O.K.'s-Hütte" mit 0 % festgelegt.

Aus dem Quersattel „B. Hüttgeswasen" führen noch zwei Weglinien mit geringer Neigung:

g) nordwestlich 6 km lang durch die Oberförsterei Kempfeld,

h) südlich 2 km durch die Oberförsterei Dhronecker, beide bis zur Landesgrenze mit Oldenburg.

i) Die Verbindung des Längssattels „Dhronecker Jagdhaus" — 701,6 m — mit dem Quersattel „D. Ober dem Schillingerborn" — 650 m — bleibt bei einer Länge von 3,3 km im Durchschnitt unter 2 % Fall.

k) Vom tiefsten Längssattel „O.K.s'-Hütte" — 655 m — führt eine in nordwestlicher Richtung im Durchschnitt verlaufende 8,5 km lange Weglinie durch die Oberförsterei Kempfeld bis zu ihrer Grenze mit dem Gemeindewald von Schauren in Nahegebiet.

l) Schließlich ist vom Quersattel „A Zolleich" — 533,7 — in östlicher Richtung bis zur Oberförstereigrenze mit Gemeindewald eine 6,5 km lange Weglinie mit ebenem Verlaufe geleitet. (Nr. 6 des Wegeverzeichnisses für Morbach.)

Die Endpunkte der beiden letzten Linien unter k und l können auf der Südostseite des I. Hauptrückens mit einer Linie von etwa 1% Fall und 11 km Länge vom Endpunkt der Linie k nach dem Endpunkt des Weges l, außerhalb des Staatswaldes durch Gemeinde- und Privatwald verbunden werden.

Mit diesen Linien schließt das Netz derjenigen Haupt-Wegezüge ab, welche vermöge ihrer geringen Neigungen auch zum Belegen mit Schienengeleisen geeignet sind. Beim Festlegen derselben ist ihre Brauchbarkeit zur Abgrenzung der Abtheilungen oder Jagen nicht in Frage gekommen, obwohl sich die meisten vermöge ihrer ebenen Lage dazu eignen und auch verwendet worden sind.

Die Graden Abfuhrwege (22—51).

Für die weitere Gestaltung des Wegenetzes war nunmehr zu untersuchen und festzustellen, ob und welche „Graden Abfuhrwege" aus dem Waldesinnern an die Verbrauchsorte der nächsten Umgebung, besonders an die Ladestellen der Nebenbahnen und auch den Thalzügen nach, in denen gewerbliche Anlagen noch entstehen können, noch fehlen.

Mit den in Abschnitt I,4 aufgezählten bestehenden Landwegen sind die umliegenden Dörfer vielfach mit dem Waldgebiet verbunden. Wenn diese Wege auch in der Mehrzahl nicht regelrecht angelegt worden sind, so lohnt es sich doch nicht, erhebliche Verbesserungen ihrer Lage vorzunehmen, nur an zwei Stellen — Nr. 15 und 19 — nöthigten die starken Neigungen der hohen Unterhaltungskosten halber zu einer theilweisen Verlegung.

Infolge der vorgenommenen Feststellung wurden noch folgende Ergänzungen der geraden Abfuhrwege ausgeführt[1]):

1) Die neuen Graden Abfuhrwege sind mit den alten beibehalten (I. Abschn. 4) fortlaufend nummerirt, die alten in fetterem Druck als die neuen von 22 an.

1. Im Nahegebiet. — Oberförsterei Hermeskeil.

Zu Nr. 19. Die Verbesserung des Landweges Nr. 19 vom Börfink bezw. Einschiederhof nach Malborn. Anstatt der alten Führung an der dreistämmigen Buche vorbei wurden die beiderseitigen oberen Strecken durch den Längssattel „Ruppelstein“ geleitet.

Nr. 22. Die neue Verbindung des Längssattels „Dhronecker Jagdhaus“ mit dem Ochsenfloß-Thälchen mit 4 bis 6,5 % Fall, wodurch ein regelrechter Weg dem Thälchen nach durch den Bann von Börfink ins Traunthal angebahnt worden ist. Vom Uebergang dieses Weges über den kleinen Ochsenfloß-Bach ist bis zum Weg Nr. 19 eine Verbindung hergestellt.

Oberförsterei Dhronecken.

Nr. 23. Die unmittelbare Verbindung des Weilers Tranenweiher mit dem Sattel „Dhronecker Jagdhaus“ von 3 bis 7 %. (Nr. 32 d. W. V.[1])

Nr. 24. Die Verbindung des obersten Ringweges unterhalb des Erbeskopfes mit dem Rindsloß-Thälchen und diesem entlang zum Landweg Nr. 18 von Hüttgeswasen nach Börfink, 5—7 %. (Nr. 34 d. W. V.)

Nr. 25. Vom Grenzstein Nr. 649 mit Oldenburg zum Landweg Nr. 18. (Nr. 21 d. W. V.)

Nr. 26. Die nächste Verbindung des Längssattels „Hangendebirke“ mit dem Quersattel „Hüttgeswasen“, 4 %. (Nr. 38 d. W. V.)

Nr. 27. Vom Sattel „Hangendebirke“ linkerseits des Idarbaches zur Landstraße Nr. 1 an der Idarbrücke, 6 %. (Nr. 80 d. W. V.)

Oberförsterei Kempfeld.

Nr. 28. Vom Quersattel Hüttgeswasen zur Landstraße Nr. 6, nahe vor dem Katzenloch, 1—6 %. (Nr. 20 d. W. V.)

Nr. 29. Vom Sattel „Sandkaut“ im III. Birkenfelder Hochwaldrücken nach dem Dorfe Allenbach, Landstraße Nr. 6, 2—6 %. (Nr. 26 d. W. V.)

Nr. 30. Von derselben Grenze Sattel „Dreiherrnstein“ nach Allenbach, 4 %. (Nr. 24 d. W. V.)

---

[1]) Den Hauptwegen und den Graden Abfuhrwegen sind neben den Nummern, welche sie im Text und in den Karten erhalten haben, zur Meidung von Verwechselungen ihre Nummern in den Wegeverzeichnissen der einzelnen Oberförstereien in Klammern beigefügt.

Nr. 31. Von der Oldenburger Grenze „Sattel Festung" nach der Landstraße Nr. 6, 4—6 %. (Nr. 22 d. W. V.)

Nr. 32. Die Verbindung des Sattels Wildenburg mit dem Katzenloch und dem Landweg Nr. 11, 5—6 %. (Nr. 14 d. W. V.)

Nr. 33. Von dem Längssattel „O. K.'s Hütte" durch das Hohlbachthal nach dem Dorfe Allenbach und der Landstraße Nr. 6, 4—6 %. (Nr. 37 d. W. V.) Die letzte Strecke dieses Weges liegt auf fremdem Gelände in dem Banne vor Wirschweiler.

Nr. 34. Von demselben Sattel, zuerst den Hauptweg k einhaltend, dann durch das Steinbachthal, linksseitig des Baches verlaufend, bis zum Dorfe Langweiler, von da über fremdes Gelände im Steinbachthal weiter bis zum Landweg Nr. 11 von Kempfeld nach Katzenloch, 3—6 %. (Nr. 45 d. W. V.)

Nr. 35. Vom Dorfe Langweiler, auf rechter Seite des Scheidbaches bis zum Hauptweg k, einem Sattel südöstlich vom Steingerüttelkopf, 4,5—7 %. (Nr. 57 d. W. V.)

Nr. 36. Die Verbindung des Dreckpfuhl-Sattels im I. Hauptrücken mit vorstehendem Weg Nr. 35, 5—6 %. (Nr. 50 d. W. V.)

Nr. 37. Die Verbindung des Sattels südöstlich vom Steingerüttelkopf mit dem Wege Nr. 12 auf rechter Seite des Fischbaches nach dem Dorfe Schauren mit 5 %. (Nr. 63 und Theilen von Nr. 64 und Nr. 67 d. W. V.)

Nr. 37a. Von demselben Sattel nach dem Dorfe Bruchweiler mit 4—6 %. (Theile des Weges Nr. 64 d. W. V.)

Oberförsterei Morbach.

Nr. 38. Vom Sattel Stipshäuserweg im I. Hauptrücken nach dem Dorfe Weitersbach mit 3—5 %. (Nr. 7 d. W. V.)

Nr. 39. Der Weg rechtsseitig des Koppelbaches nach den Dörfern Horbruch und Hochscheid mit 4—7 %. (Nr. 10 d. W. V.)

2. Im Moselgebiet. — Oberförsterei Morbach.

Nr. 40. Vom Sattel Kempfelderweg im I. Hauptrücken bis zum Hauptweg c mit 5—6 %. (Nr. 35 d. W. V.)

Zu Nr. 15. Verbesserung des alten Landweges Nr. 15 von Allenbach über Wirschweiler nach Morbach mit 4—7 %. (Nr. 36 d. W. V.)

Nr. 41. Die Verbindung dieses Weges Nr. 15 mit der Landstraße Nr. 1 mit 5—7 %. (Nr. 38 d. W. V.)

Oberförsterei Dhronecken.

Nr. 42. Der linksseitige Thalweg des Siebenbornbaches mit 4 bis 9%. (Nr. 78 d. W. V.)

Nr. 43. Der Weg aus Sattel Linasruhe, rechtsseitig vom Röderbach, mit 4--6%. (Nr. 60 d. W. V.)

Nr. 44. Der linksseitige Röderbachweg mit 4--6%. (Nr. 58 d. W. V.)

Nr. 45. Vom Sattel Dhronecker Jagdhaus bis zum Röderbachthal mit 4—6%. (Nr. 6 d. W. V.)

3. Im Saargebiet. — Oberförsterei Hermeskeil.

Nr. 46. Vom Sattel „Buchholz" im I. Hauptrücken zum Landweg Nr. 19 von dem Dorfe Börfink bezw. Einschiederhof nach dem Dorfe Malborn mit 3—6%. (Nr. 37 d. W. V.)

Nr. 47. Von demselben Sattel zur Sägemühle am Primsbach unterhalb des Dorfes Thiergarten, zugleich Anbahnung des besten Weges aus dem Waldgebiet nach Bahnhof Hermeskeil, mit 5%. (Nr. 7 d. W. V.)

Nr. 48. Von demselben Sattel zum Landweg Nr. 18. Ergänzung der alten Pfaffenstraße mit 3—6% (Nr. 5 d. W. V.) und Verbindung dieses Sattels auf der Südostseite mit Weg Nr. 19. (Nr. 5 und 10 zum Theil d. W. V.)

Nr. 49. Die Verbindung der fahrbaren Schneise zwischen Diebskopf und Sandkopf im I. Hauptrücken mit dem Dorfe Damflos und dem Landweg Nr. 20 mit 4—6,7%. (Nr. 35 d. W. V.)

Nr. 50. Der linksseitige Weg im Fraubachthal zum Landweg Nr. 18 und dem Dorfe Züsch mit 4—7%. (Nr. 28 d. W. V. b.)

Nr. 51. Vom Sattel „Neuhüttener Weg" im III. Birkenfelder Hochwaldrücken nach dem Dorfe Neuhütten mit 4—5%. (Nr. 28 d. W. V. a.)

Mit diesen „Graden Abfuhrwegen": den bestehenden 20 alten und den 31 neu hinzugekommenen, wurden die wichtigsten Sammelpunkte des Waldes für die nächste Umgebung nach allen Richtungen auf kürzestem Wege aufgeschlossen.

Die öfteren Ableitungen aus einem Eintheilungsweg in den ersten oder den zweiten tieferliegenden sind nicht besonders angeführt.

Für die neuen Wege wurden diejenigen Anfangspunkte gewählt, welche den vorher bestimmten Zielpunkten am meisten entsprachen.

Um z. B. die günstigste Verbindung des Staatswaldes mit dem Bahnhof Hermeskeil im Saargebiet herzustellen, ergab die örtliche Untersuchung als besten Uebergang über den Primsbach und seine Thalbildung die Stelle unmittelbar an der Sägemühle unterhalb dem Dorfe Thiergarten. Hiernach mußte der entsprechende Anfangspunkt für diesen Weg im I. Hauptrücken ermittelt werden. Der Sattel „Buchholz" entsprach den Anforderungen am meisten. Von da ist bis zur gedachten Mühle eine gerade Weglinie von 4 km mit 5 % hergestellt worden. Die Nachbar-Einsattelung „Ruppelstein" kam auch in Frage, aber die Untersuchung ergab, daß diese Verbindung unnöthig lang geworden wäre. Jede Absteckung aus einem Punkte zwischen Sandkopf und Diebskopf würde zu starken, unzulässigen Fall erhalten haben.

Wenn Thäler die Richtung der Graden Abfuhrwege vorschreiben, muß je nach ihrem Verlaufe auf verschiedene Weise verfahren werden. Sobald ein Thal mit einer ziemlich gleichmäßigen, zur Weganlage verwendbaren Neigung vom Anfang bis zum Ende verläuft, wie z. B. das Röderbachthal im Moselgebiet der Oberförsterei Dhronecken, dann wird der Thalrandweg den Graden Abfuhrweg bilden, hier ist es der rechtsseitige (43), welcher vom Sattel Linasruhe mit 4—6 % bis zum Ausgang des Thales geführt worden ist. Das Steinbachthal im Nahegebiet, Weg 34 in der Oberförsterei Kempfeld, ist das gleiche Beispiel.

Da wo aber ein Thal in seinem oberen Verlauf sehr stark nach der Einsattelung hin ansteigt, wie z. B. das Hohltriefbachthal im Moselgebiet, können die Thalrandwege zu geraden Abfuhrwegen nicht verwendet werden, aus diesem Grund ist der Weg 45 vom Sattel „Dhronecker Jagdhaus" unmittelbar mit Anwendung des durchschnittlichen Falles zwischen Anfangs- und Endpunkt von 5,5 % dem Hang entlang bis zum Zusammentreffen mit dem Röderbachthal geführt worden. Die Thalrandwege im unteren Hohltriefbachthale, welche auch für die Bewirthschaftung der seitlichen Wiesengründe unentbehrlich sind, bilden hier für den Wald nur einfache Wirthschaftswege.

Häufig liegen enge, stärker ansteigende Thalzüge in gerader Richtung zum Absatzort, hier führt man die Weglinien so lange im Thal hinauf, als die im Gelände liegende Neigung für Wege annehmbar erscheint und bricht an diesen Wendepunkten ab, wie es z. B. in der Oberförsterei Dhronecken im Moselgebiet im Thal des Siebenbornbaches bei Weg 42, im Saargebiet, Oberförsterei Hermeskeil, im Fraubachthal bei Weg 50 geschehen ist. Müssen nach Lage der Verhältnisse solche Wege auf die Höhe geführt werden, dann kann es nur durch

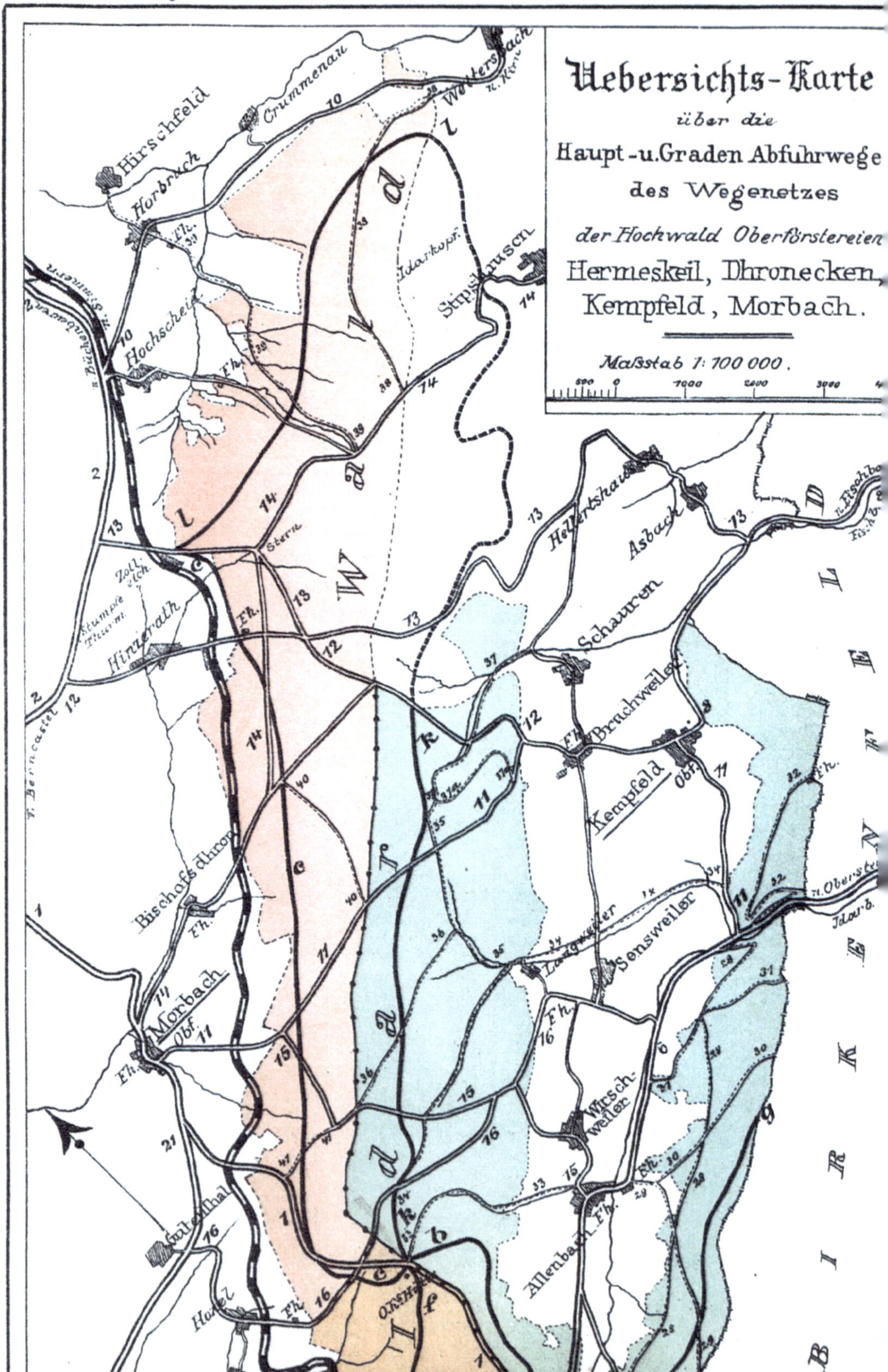
Uebersichts-Karte
über die
Haupt- u. Graden Abfuhrwege
des Wegenetzes
der Hochwald Oberförstereien
Hermeskeil, Dhronecken,
Kempfeld, Morbach.
Maßstab 1: 100 000.
Hirschfeld
Horbruch
Crummenau
Wederath
Hochscheid
Stipshausen
Idarkopf
Hellertshausen
Asbach
Schauren
Bruchweiler
Kempfeld
Hinzerath
Stern
Bischofsdhron
Morbach
Laufersweiler
Sensweiler
Wirschweiler
Allenbach
Gutenthal
Hottenbach
n. Bernkastel
n. Simmern
n. Oberstein
BIRKENFELD

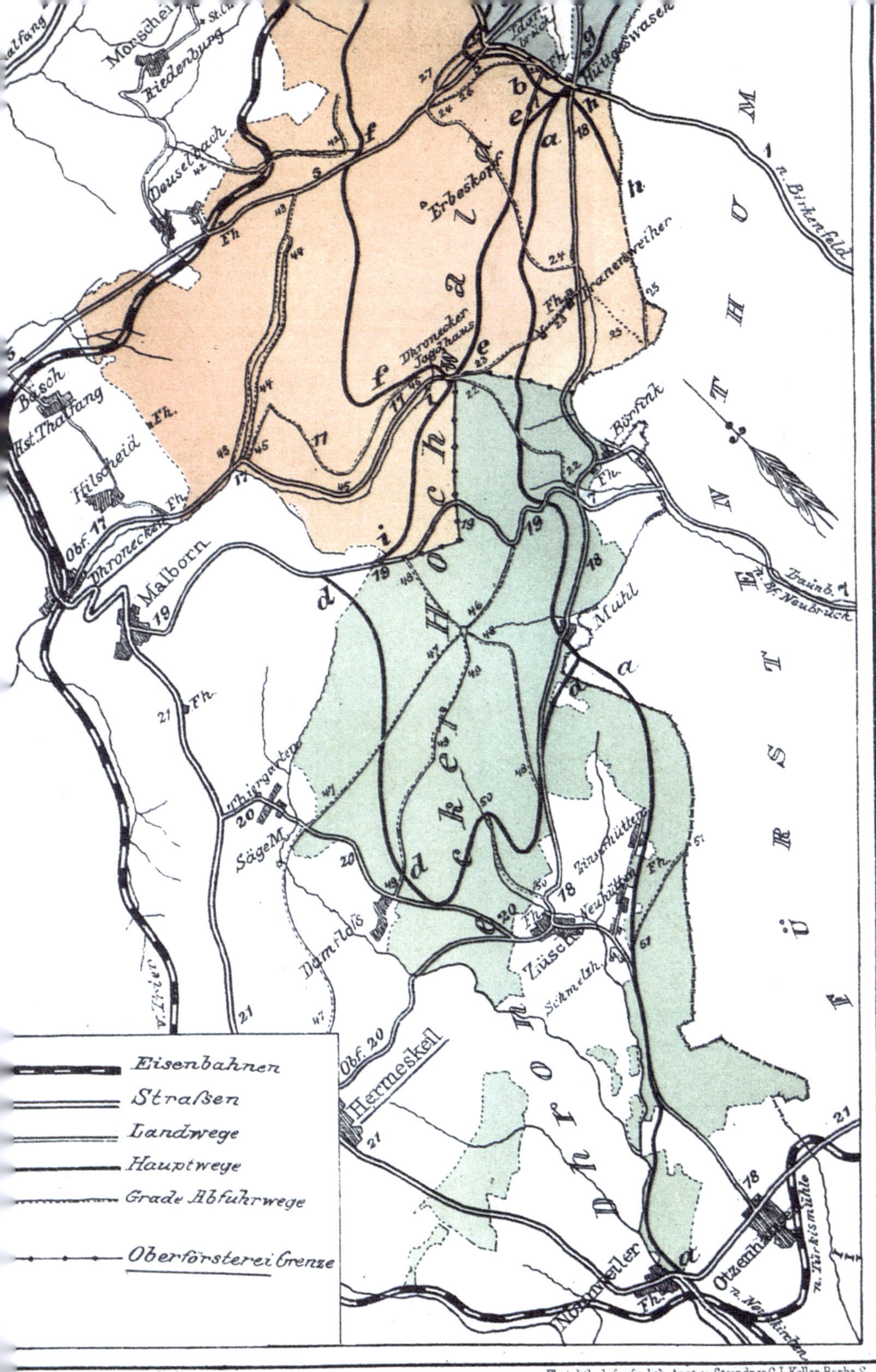

g von Julius Springer in Berlin
Photolith d. geogr.-lith. Anst. u. Steindr. v. C. L. Keller, Berlin S

seitliches Abbiegen oder mit Anwendung von Schlangenlinien, welch letztere in stark geneigtem Gelände möglichst zu vermeiden sind, geschehen.

Auch bei der Anlage dieser „Graden Abfuhrwege" war noch allein maßgebend sie so zu gestalten, um die Walderzeugnisse auf dem kürzesten Wege und mit der möglichst geringen Kraftaufwendung aus dem Walde, bezw. an die Verbrauchsorte oder Verladestellen schaffen zu können.

Um die „Hauptwege" und die „Graden Abfuhrwege" für die Gesammt-Waldfläche möglichst gleich nutzbar zu machen, erübrigt für das Innere des Waldes, also für die zwischen den bisher vorhandenen und beibehaltenen und den neu geplanten Wegen liegenden Flächen, eine Anzahl Wege vorzusehen, an welche die zugerichteten Holzmengen zur Abfahrt gerückt und aufgestapelt werden können.

Diese Wirthschaftswege, welche den Aufschluß des gesammten Waldes vervollständigen sollen, haben selbstredend einen höheren Werth, wenn sie gleichzeitig zur Begrenzung der Waldeintheilung dienen können.

Zur tadellosen Ausgestaltung der Hauptwege und der Graden Abfuhrwege in einem größeren bewaldeten Gebirgsstock ist für den Forsteinrichter neben der Ausbildung in Vermessungskunde besonders die Fähigkeit erforderlich, die Formen der Gebirgsbildung und ihren Zusammenhang klar und richtig aufzufassen.

Zur Vervollständigung des Wegenetzes durch Zusammenfügung solcher Wirthschaftswege, welche in der Mehrzahl geeignet sind, die wirthschaftliche Eintheilung richtig abzugrenzen, darf ausgiebiges forstliches Wissen und Verständniß nicht fehlen.

Es ist daher erforderlich, erst die Grundsätze zu beleuchten, welche bei der Waldeintheilung im Gebirge als maßgebend zu erachten sind.

III. Abschnitt.

Die Waldeintheilung.

I. Die Grundbegriffe der Waldeintheilung im allgemeinen.

1. Für die Leitung der Forstwirthschaft im großen Besitz werden die Waldflächen ziemlich überstimmend in Oberaufsichts- (Direktions-) Aufsichts- (Inspektions-) Verwaltungs- und Schutzbezirke zerlegt.

Bei der Eintheilung für die eigentliche Waldwirthschaft besteht vorherrschend als oberster Begriff „das Wirthschaftsganze".

Jeder Waldbesitz, für welchen zwecks geordneter Anlage, Pflege und Abnutzung ein eigenes Betriebswerk als Anhalt für die Wirthschaftsführung hergerichtet wird, bildet ein Wirthschaftsganzes.

Im großen Waldbesitz — Staatswald, Großgrundbesitz — bilden in der Regel die einzelnen Verwaltungsbezirke — Oberförsterei, Forstamt, Bezirksforstei, Forstei, Forstrevier, Revier —, bei der Gemeinde-Forstverwaltung jeder Gemeindewald, im übrigen die kleinen Waldgüter, die Waldbesitze der Kirchen, Schulen, Stiftungen, Anstalten u. s. w. je ein Wirthschaftsganzes.

Der Besitzer großer zusammenhängenden Waldungen zerlegt diese Flächen in Wirthschaftsganze von der Ausdehnung, daß der entsprechend ausgebildete Verwaltungsbeamte bei der durchschnittlichen Leistungsfähigkeit dauernd volle Beschäftigung erhält. In diesem Falle decken sich das Wirthschaftsganze und der Verwaltungsbezirk. Ausgeschlossen ist aber nicht, daß bei zerstreut liegenden Flächen eines Besitzers ein Verwaltungsbezirk auch in mehrere Wirthschaftsganze zu theilen sein wird.

Eine Flächengröße für den Verwaltungsbezirk läßt sich allgemein nicht vorschreiben, es beeinflussen diese die verschiedensten Verhältnisse: Zusammenhang oder zerstreute Lage der Waldflächen, Geländeausformung, Höhenlage, Holzart, Betriebsart, Bodengüte, Holzformung, Verkaufsweise u. s. w. Im allgemeinen werden sich diese Flächengrößen zwischen 2000 und 6000 ha bewegen.

Eine Gliederung von großen Wirthschaftsganzen in „Wirthschaftstheile" wird erforderlich, um die Arbeiten beim Forstbetrieb gleichmäßig vertheilen und um die jährlich anfallenden Nutzungen im Walde für alle Abnehmer örtlich möglichst gleichheitlich zum Markte bringen zu können.

In dem „Wirthschaftstheil" soll daher möglichst eine in sich abschließende Wirthschaft geführt oder angebahnt werden; er erscheint regelrecht abgegrenzt, wenn er dem ausgebildeten Schutz- und Betriebsbeamten — Förster, Forstwart — dauernd volle Beschäftigung gewährt und mit der Schutzbezirksgrenze zusammenfällt. Es beeinflussen die Größen dieser Wirthschaftstheile dieselben Verhältnisse, wie sie bei der Flächenbemessung für die Wirthschaftsganzen als maßgebend angeführt worden sind, die Größen bewegen sich zwischen 300 und 1000 ha. Bei Fällen, in denen erschwerter Forstschutz bei der Schutzbezirksbildung in Frage kommt, sollte man der Abgrenzung nach dem passendsten Wirthschaftstheil den Vorzug geben, die Schutzverhältnisse ändern sich häufig, auch kann für Aushilfe im Schutz auf verschiedene Weise gesorgt werden.

Wenn schon bei dieser Gliederung in Wirthschaftsganze und Wirthschaftstheile eine Uebereinstimmung bei unseren Schriftstellern fehlt, gehen bei der weiteren Waldeintheilung für den eigentlichen Wirthschaftsbetrieb die Begriffe und die Vorschriften noch mehr auseinander. Von Anbeginn ist bei der Waldeintheilung zu verschieden verfahren worden, keine Art der Ausführung ist bis jetzt zur Ruhe gekommen, jede hat fortdauernd Aenderungen erfahren müssen.

Ein Lehrgebäude mit allgemein anerkannten Grundsätzen fehlt für diesen Theil der Forstwirthschaft, was um so mehr zu bedauern ist, weil die engere Waldeintheilung die Grundlage für die Wirthschaft abgeben soll. In unseren Fachschriften spricht sich diese Unsicherheit am deutlichsten aus, in ihnen ist die Lehre von der Waldeintheilung auch am dürftigsten behandelt. Bis zum Ende des 18. Jahrhunderts suchte man vielfach mittels der Eintheilung der Waldflächen auch das Maß ihrer jährlichen Abnutzung zu bestimmen. Auf diesem Wege führte ein Versuch zum anderen, bis man zu der Ueberzeugung gelangte, daß die Waldeintheilung diesem Zweck nur in einzelnen Fällen, z. B. bei Niederwaldbetrieb mit ganz gleich bestockten Flächen und gleichem Standort dienen kann.

1. Erst Georg Ludwig Hartig giebt bei Ausbildung des Massenfachwerkes die ersten Vorschriften über eine das Maß der Abnutzung außer Acht lassende Eintheilung der Waldflächen in seiner „Anweisung zur Taxation und Beschreibung der Forste von 1819 I. Theil, 3 Kapitel". Er nennt die Verwaltungsbezirke Reviere, große Reviere theilt er in Hauptwirthschaftstheile von 2000 bis 4000 Morgen (500 bis 1000 ha), unter Umständen will er für jeden solcher Theile einen eigenen Wirthschaftsplan entwerfen. Zwecks Erleichterung der Uebersicht beim Forstbetrieb verlangt er ferner die Abgrenzung von Abtheilungen: Distrikten oder Jagen in einer Größe von 150 bis 200 rheinischen Morgen (nahezu 38 bis 50 ha). Wenn nicht Wege, Bäche, Felder, Wiesen u. s. w. zur Abgrenzung verwerthbar sind, sollen diese Abtheilungen mit 1 bis $1^1/_2$ rheinischen Ruthen (5 bis 7,5 m) breiten, möglichst geraden Schneisen, welche zur Holzabfahrt benutzt werden können, auch dem Forstschutz dienen sollen, abgegrenzt werden. Er legt weder auf gleiche Flächengröße der Abtheilungen noch auf ein Ebenmaß der Schneisen Werth, mehr auf ihre Nutzbarkeit; kann aber Gleichheit der Flächen und Regelmäßigkeit der Schneisen mit den übrigen Vortheilen verbunden werden, dann hält er dies für besser, ebenso, wenn gleicher Holzbestand durch die Abtheilungen abgerenzt werden kann.

2. Klipstein[1]) nennt Waldungen, welche einem Eigenthümer gehören und von einem Verwalter bewirthschaftet werden ein „Wirthschaftsganzes", seine „Distrikte" sind Theile des Wirthschaftsganzen, größere abgerundete Forstorte mit unveränderlichen Grenzen, meistens mit mehreren Bestandesverschiedenheiten.

Die „Abtheilungen" sind Theile der Distrikte mit kennbarer Begrenzung, die „Unterabtheilungen" trennen die Bestandesabwechselungen, sein „Wirtschaftstheil" ist die Zusammenfassung derjenigen Waldflächen, welche innerhalb bestimmter Zeiträume, bei Hochwaldungen also in den Perioden zum Abtrieb oder zur Verjüngung gelangen.

3. Hundeshagen[2]) verlangt bei Herstellung der Forstkarten nur die Ausscheidung von Distrikten, Distrikts-Abtheilungen und Distrikts-Unterabtheilungen, die Grenzen der beiden letzteren richten sich nach den Unterschieden der Bestandesverhältnisse.

---

1) Forstbetriebsregulirung. Gießen 1823.

2) Forstliche Gewerbslehre, 2. Auflage, § 543.

4. Nach Carl Heyer[1]) bildet jede Waldung, welche einem Besitzer angehört und einem Wirthschaftsführer übertragen ist, eine „Wirthschaftseinheit" oder ein „Wirthschaftsganzes"; ein Forst oder Revier kann mehrere Wirthschaftseinheiten zugleich umfassen. Je nach der Ausdehnung u. s. w. nimmt er für ein Revier eine Größe von 7000 bis 15000 hessische oder preußische Morgen (1750 bis 3758 ha) an.

Größere Wirthschaftsganze theilt er, wenn erforderlich, in „Betriebsklassen", diese wieder in Wirthschafts- oder Klassentheile. Auf die Abtheilung in Distrikte, worunter er wie Klipstein natürlich gesonderte, gewöhnlich mit einem Sammelnamen bezeichnete Waldtheile versieht, legt er kein Gewicht.

Die Heyer'sche Betriebsklasse vereinigt die zu gleicher, normaler Umtriebszeit bestimmten Theile einer Wirthschaftseinheit, die Zahl der Klassen richtet sich also nach der Zahl der Umtriebszeiten, eine weitere Vervielfältigung verursachen gegebenen Falles verschiedene Betriebsarten, unter Umständen auch verschiedene Holzarten.

Zur Erleichterung der praktischen Betriebsführung sollen zunächst die Betriebsklassen unter sich, dann aber auch die Klassentheile, die ständigen Abtheilungen sichtbar und dauerhaft abgegrenzt werden; wo hierzu vorher geregelte Waldwege, die natürlichen Grenzmale: Bäche, Thäler, Gebirgskämme u. s. w. nicht ausreichen, sollen künstliche Schneisen verwendet, diese aber mit hinlänglich starken Bruch- oder Lagersteinen, gepflanzten Bäumen oder mit Gräben dauernd bezeichnet werden. Die Größe dieser Abtheilungen soll sich nach der Größe und dem Zusammenhang der Betriebsklassen, auch nach der Betriebsart und Umtriebszeit richten, aber nicht über 30 bis 50 Morgen (7,5 bis 12,5 ha) betragen.

5. Pfeil[2]) bespricht in seiner Forsttaxation von 1843 besonders die Waldeintheilung im ebenen Gelände, die sogen. Jageneintheilung.

Bei Hervorhebung der großen Vortheile dieser künstlichen Eintheilung bekundet er aber auch, „daß diese vielfach versuchte Eintheilungsmethode im Gebirge niemals hat inne gehalten werden können, sondern daß man immer wieder zu den natürlichen Wirthschaftsfiguren hat zurückkehren müssen, daß sie überhaupt alle Bedeutung und allen Werth verliert, sobald die dadurch abgetheilten Figuren nicht für die Wirth-

1) Waldertragsregelung, Gießen 1841, § 60—63.

2) Fünfte Abtheilung, Forsttaxation. 3. Ausgabe Berlin 1843. S. 175, 176.

schaft benutzt werden können, die Gestelle weder zu passenden Scheidungslinien, noch zu Wegen dienen".

6. Grebe[1]) giebt in seiner Betriebs- und Ertrags-Regulirung von 1867 ausführliche Anleitung über Waldeintheilung; sie läßt sofort erkennen, daß er bei diesen Arbeiten im Walde selbst Hand angelegt hat, er steht auf dem Boden der Carl Heyer'schen Grundsätze.

Seine Eintheilung soll als bleibendes Netz den äußeren Rahmen für den Gang der Wirthschaft abgeben, geordnete Waldzustände anbahnen, den Ueberblick erleichtern, allen Schlagabmessungen geometrischen Halt gewähren, die Grundlage für räumliche und zeitliche Vertheilung der Flächen und Massen bilden, in Verbindung mit dem Wegenetz die Ausnutzung und Verbringung der Forstprodukte fördern und den Wald zugänglich machen.

Er benutzt zur Eintheilung die natürlichen Grenzen: Thäler, Schluchten, Gewässer, Kulturgrenzen, Bergrücken, die unverrückbaren Straßen und Wege in Verbindung mit künstlichen Trennungslinien (Schneisen), letztere lichtet er, wenn sie nur zur Begrenzung dienen $^1/_2$ bis 1 Ruthe breit, die fahrbaren in der Regel 2 Ruthen, Triftzüge auch 3 Ruthen breit auf, setzt auf die Kreuzungs- und Endpunkte dauerhafte Abtheilungssteine, welche $1^1/_2$ Fuß über den Boden ragen. In kleinen Forsten bildet er 40 bis 80 Morgen (10 bis 20 ha) in großen Forsten 80 bis 120 Morgen (20 bis 30 ha) große Abtheilungen.

7. Judeich[2]) versteht unter Wirthschaftseinheit oder Revier einen Wald, der einem Besitzer gehört und einem Wirthschaftsführer übertragen ist. Nach ihm kann ein Wirthschaftsführer mehrere Reviere verwalten, wenn kleine Besitzer bei getrennter Wirthschaft sich dahin einigen einen Beamten anzustellen.

Nur von Judeich wird der Begriff „Wirthschaftsganzes" oder „Wirthschaftseinheit" unter allen Umständen gleichbedeutend mit „Revier" erachtet, jener bezieht sich eigentlich nur auf die wirthschaftliche Eintheilung der Waldflächen, dieser auf die Abgrenzung der Verwaltungsbezirke.

Die Ausdehnung seiner Reviere hängt von dem Arbeitsgrad der Wirthschaft ab, je größer dieser, je kleiner werden die Reviere gebildet, ihre Größe schwankt zwischen 1000 und 5000 ha.

---

1) Die Betriebs- und Ertrags-Regulirung der Forsten. Wien 1867.

2) Die Forsteinrichtung. Dresden 1871 (13. Waldabtheilung).

Diese Revierflächen theilt Judeich in Betriebsklassen, er versteht unter einer Betriebs- oder Wirthschaftsklasse alle einer und derselben Schlagordnung zugewiesenen Waldflächen. Holzart, Betriebsart, Umtriebszeit u. s. w. bedingen die Bildungen von Betriebsklassen. Er scheidet sie durch natürliche Grenzen, Thalschluchten, Felsen, Flüsse oder auch durch vorhandene brauchbare Straßen und Wege, wo diese nicht ausreichen, durch künstliche Linien ab. Jede größere Betriebsklasse theilt er, um Ordnung und Beweglichkeit herbeizuführen in kleinere „Hiebszüge“ ein und erkennt darin den hauptsächlichsten Schwerpunkt der Waldeintheilung oder Forsteinrichtung im engeren Sinne. Die kleinen Hiebszüge von 40 bis 80 ha bilden die Grundlage der feineren Zukunftswirthschaft mit freier Bewegung, sie allein können die Waldwirthschaft in eine Bestandeswirthschaft verwandeln.

Zum Zwecke der Orientirung, der Ordnung der Schlagführung, auch um die Vermessungsnachträge leicht und sicher ausführen zu können, werden die Hiebszüge wieder in Abtheilungen zerlegt, theils durch Benutzung natürlicher Begrenzungslinien, theils durch künstliche Schneisen.

Die Form der Abtheilungen gestaltet sich verschieden nach den Geländeverhältnissen, das längliche Viereck, bei welchem bei der Schlagführung die schmale Seite von Wirthschaftsstreifen begrenzt wird, gilt als beste Form, auch die Größe ist keine bestimmte, sie schwankt für den Hochwald meistens zwischen 20 und 30 ha.

Die Betriebsklassen, Hiebszüge und Abtheilungen sollen natürlich oder künstlich von einander getrennt werden, namentlich erfordern die beiden ersten diese Trennung, weil sie die Selbständigkeit der kleinen Wirthschaft ermöglichen. Da wo für Betriebsklassen- und Hiebzugsgrenzen Wege nicht gewählt werden können, auch die natürlichen Trennungslinien nicht zureichen, sind künstliche Grenzen, bleibend holzleer zu erhaltende Wirthschaftsstreifen herzustellen. Sie sollen die sie begrenzenden Bestände an den freien Stand gewöhnen und dadurch die Entwicklung sturmfester Randbäume herbeiführen, bei Nieder- und Mittelwald genügt eine Breite von 2,5 m, im Hochwald müssen sie, um ihren Zweck zu erfüllen breiter, bei Fichten und Kiefern, der Sturm- und Feuersgefahr wegen 10 bis 12 m breit angelegt worden.

Die Schneisen, welche die Hiebszüge in der Richtung des Hiebes begrenzen und in Abtheilungen zerfällen sollen, werden parallel mit den Schlaglinien, mehr oder weniger senkrecht auf die Wirthschaftsstreifen angelegt und etwa 2,5 m breit aufgelichtet.

Das Judeich'sche Schneisennetz bilden also die Wirthschaftsstreifen (Hauptschneisen) und die Schneisen (Nebenschneisen), es soll etwas Bleibendes sein. Zunächst soll es der Waldpflege als Schutz gegen Elementarereignisse u. s. w. dienen, soll zur Ordnung im Walde bezüglich der Ernte und der Kultur zwingen und allen Vermessungsarbeiten und Nachträgen zum Anhalt dienen. Schließlich soll es durch Sicherheitssteine auf den Kreuzungen und in den Winkelpunkten sowie in langen geraden Linien (Schneisen) alle 100 bis 200 m sicher gestellt werden.

8. Wagener[1]) zerlegt seine Wirthschaftsbezirke (Wirthschaftsganze) in eine schickliche Anzahl von Abtheilungen, sucht durch diese Abtheilungen gleichartige Bestockungsfiguren zu bilden, indem er die bestehenden und projektierten Waldwege zu Grunde legt und außerdem im Hochwaldbetrieb die rektificirten Grenzen der größeren Bestände als Abtheilungsgrenzen wählt, dabei auch die Standortsverschiedenheiten soviel als möglich zu trennen versucht. Vorher entwirft er nach der vorläufigen Waldvermessung das Wegebaunetz nach den Höhelinien der Karte. Die neuen Wegrichtungen, welche sich zu Abtheilungen eignen, werden im Walde nivellirt, aufgehauen, vermessen und dauernd bezeichnet. Die Waldwege gewähren ihm die gebrauchsfähigsten Stützpunkte für das Abtheilungsnetz, er zieht sie als Abtheilungsgrenzen den Bergrücken, Thalsohlen, engen Schluchten u. s. w. vor. Als zweckmäßigste Größe der Abtheilungen nimmt er 15 bis 20 ha an, die Grenzen derselben werden an den Eckpunkten, bei Wegen an den Wegrändern versteint. Als Unterabtheilungen grenzt er wesentliche Bestandesverschiedenheiten über 1 ha Größe durch 1 m breite stets offen zu haltende Schneisen ab.

9. Borggreve widmet in seiner Forstabschätzung von 1888, in Abschnitt 1, „die Flächenaufnahme", der Waldeintheilung nur zwei Blätter. Zunächst setzt er der bisherigen Gliederung der Waldeintheilungsverfahren in „künstliche" und „natürliche" ein drittes „gemischtes" Verfahren zu. Er ist der Ansicht, daß bei der natürlichen und seiner gemischten Eintheilung oft, aber nicht immer und durchweg mit Vortheil an eine vorausgehende Wegenetzlegung anzuschließen ist.

Die kurze Besprechung berechtigt zu der Annahme, daß er dieser forstlichen Frage leider wenig Antheilnahme gewidmet hat.

---

[1]) Anleitung zur Regelung des Forstbetriebs. Berlin 1875.

Diese gedrängten Auszüge aus den wichtigsten im 19. Jahrhundert erschienenen, auch die Waldeintheilung behandelnden Fachschriften lassen erkennen, daß man über die zur Wirthschaftsführung unbedingt erforderliche Zerlegung der „Wirthschaftstheile" in kleinere Flächen — Jagen oder Abtheilungen — zu einer Uebereinstimmung noch nicht gelangt ist.

Es liegt in der Natur des mit Wald bestockten Bodens, daß in Bezug auf den Standort im weitesten Sinne und die vorkommenden Holzarten ein Einheitsbild nach Größe und Gestalt nicht zu schaffen ist. Man muß sich daher mit einer Gestaltung der Jagen oder Abtheilungen zufriedenstellen, welche dem ersehnten Gedankenbild sich möglichst nähert. Das Unerreichbare zu erstreben, ist eitel Bemühen, man suche dafür einen Krebsschaden bei unserer Waldeintheilung zu beseitigen, nämlich „die seit der Entwicklung des Forstwesens bis heute andauernde Umgestaltung der engeren Eintheilung bei jeder Erneuerung der Betriebswerke."

Karl Heyer, welcher auf diesem Gebiete seiner Zeit voraus war, klagt in seiner Waldertrags-Regelung 1841 in dem Abschnitt über Waldeintheilung und Begrenzung § 63:

„Der unterlassenen dauerhaften Begrenzung der Wirthschafts-„theile und dem, daß man letzte nur nach ganz zufälligen und ver-„gänglichen Merkmalen (Verschiedenheit der Holz- und Betriebsart, „Holzalters, Bestandesgüte) ausschied, ist es zuzuschreiben, daß an „so vielen Orten die kostspieligen Waldvermessungen nur ephemeren „Bestand hatten. (Wir könnten eine mehre Forste umfassende Wald-„ung namhaft machen, welche innerhalb 40 Jahren dreimal durchaus „neu vermessen werden mußte.)"

Heute nach 60 Jahren hat sich dieser Zustand im Hügel- und Gebirgsland — wenigstens in den dem Verfasser bekannt gewordenen Gebieten — wesentlich nicht gebessert!

Es ist bis jetzt mehr Regel als Ausnahme gewesen, daß bei jeder Erneuerung der Betriebswerke die Wirthschaftskarte bezüglich der Eintheilung ein anderes Bild als die vorhergehende zeigt.

Die Ursache dieser sich immer wiederholenden Abänderungen wird gewöhnlich darauf zurückgeführt, daß die Waldeintheilungen meistens von den jüngsten Fachgenossen beim Beginn ihrer Laufbahn, vielfach ohne genügende Leitung und Ueberwachung ausgeführt werden. Mag dies auch für manche Fälle zutreffen. Die Hauptursache liegt aber tiefer.

Das Forsteinrichtungswesen ist im Forsthaushalte ein Sondergebiet; so lange für dieses keine eigene verantwortliche Behörde geschaffen wird, welche aus Beamten besteht, die sich in diesem Fache als wirkliche Sachkenner ausgebildet haben, wird es beim Alten bleiben.

Gerade in Preußen ist das Forsteinrichtungswesen der ausbildungsbedürftigste Zweig, aber auch derjenige, welcher bei richtiger Diensteinrichtung am meisten zur allgemeinen Fortbildung des Forstfaches beitragen kann.

Um der immerwährenden Abänderung der engeren Waldeintheilung im Gebirge vorzubeugen, fehlte es bisher an einem Verfahren, welches der Eintheilung eine festere, der Veränderung möglichst wenig unterworfene Gestalt gab. Eine wirthschaftliche Eintheilung, welche auf einem wohldurchdachten regelrechten Wegenetz beruht, wird diesen beregten Mißstand am ehesten beseitigen helfen.

Auch über die Bezeichnung der Wirthschaftsflächen fehlt im deutschen Reiche eine Uebereinstimmung.

Der Ausdruck „Jagen" ist für die Ebene ein passender, genügte auch im Gebirge!

Das wälsche Lehnwort „Distrikt" ist unnöthig, weil im deutschen Ausdruck „Abtheilung" eine allgemein verständliche Bezeichnung vorhanden und vielfach gebräuchlich ist.

Verfasser hat den letzteren überall gewählt, die Bezeichnung „Jagensteine" aber beibehalten, weil diese nicht überall bekannt sind und die Bezeichnung nach dem Ursprungsort bessere Aufklärung giebt.

2. Die Zerlegung in Abtheilungen und die Hilfsmittel zur Abgrenzung.

Für das Zurechtfinden im bewaldeten Gebirge, für die Anordnung und Ausführung der verschiedenen Wirthschaftsbestimmungen bei Anbau, Pflege und Abnutzung, auch zur Bildung von Betriebsklassen und zwecks Vertheilung in gewisse Zeitabschnitte der Wirthschaftsführung, überhaupt für die Uebersicht, Ordnung und Beweglichkeit ist eine Zerlegung der einzelnen Gebirgskörper in die wesentlichen Unterschiede ihrer Flächenausformung, und die angemessene Theilung zu großer Flächen in kleinere von geeigneter Zusammengehörigkeit, Größe und Form, unabweisbares Bedürfniß.

Die engere wirthschaftliche Eintheilung ist die unentbehrliche Grundlage für die ausübende Waldwirthschaft, zu ihrer Ausführung muß man sich Kenntniß verschaffen von den Formen der verschiedenen Gebirgsbildungen (siehe Einleitung) und von den Hilfsmitteln zur Kenntlichmachung der Eintheilungsgrenzen. Zu denselben zählen:

3. Die natürlichen Grenzen.

Es gehören dazu:

a) die Thalbildungen mit ihren Wasserläufen.

So lange die Wasserläufe der Thäler so stark sind, daß sie den gegenseitigen Verkehr ohne Hilfsmittel (Brücken, Stege) erschweren, müssen sie als Grenzen der inneren Eintheilung benutzt werden. Auch die geringeren sind in der Regel die geeignetsten Scheidelinien.

In einzelnen Fällen, wenn in breiten Thälern beiderseits der Wasserläufe die Flächen so groß sind, daß es sich lohnt, wegen der Bodengüte auch empfiehlt, sie von dem ansteigenden Gelände zu trennen, kann man die Wasserläufe, wenn sie überall oder doch öfter überschritten werden können, als Grenzen fallen lassen und die beiderseits auf den starken Brechpunkten der Geländeneigung anzulegenden Wege dafür wählen. Diese nicht häufigen Gelegenheiten soll man nicht unbeachtet lassen, namentlich wenn die Flächen für die selteneren Hölzer sehr geeigneten Standort abgeben, z. B. für Esche, Ahorn, Ulme, welche in der Mischung mit anderen Holzarten gewöhnlich in Nachtheil sind[1]).

Sobald in den Thälern die Wasserläufe schwächer werden, oft wenig Wasser führen oder auch zeitweise versiegen, kommt es darauf an, ob in nächster Nähe Fallwege angelegt werden; ob dann der Weg oder der Wasserlauf als Grenze zu wählen ist, kann meistens nur an Ort und Stelle richtig beurtheilt werden. Im Nadelholz gebührt in der Regel dem Weg der Vorzug, weil er eine breite Grenzfläche abgiebt, welche bei Brandgefahr nützlich werden kann, die Bachgrenze aber eines breiten Aufhiebes nicht bedarf.

In tiefen Thälern, Schluchten, überhaupt da, wo die beiden Abhänge sehr verschiedenen Standort aufweisen, wird oft der unterste Weg auf der geringeren Seite die Standorte richtiger abgrenzen als der Wasserlauf.

Die Thäler sind oft als flache Mulden ausgeformt; wenn in diesen die Wasserlinie — tiefste Linie im Gelände — nicht durch Rinnsale kenntlich ist, muß sie vor dem örtlichen Festlegen ermittelt werden. Die Aufhiebsfläche, sei es für die Anlage eines Weges oder für eine Schneise, muß so ausgeschieden und begrenzt werden, daß bei einem Ausbau der-

[1]) Im Harz sieht man oft die Esche in starker Mischung mit der Buche bis zum Stangenholz-Alter, in den älteren Beständen wird sie bald unterdrückt, dem Ahorn und der Ulme geht es nicht besser.

selben die Kronenfläche mindestens 1 m über der Höhe der Wasserlinie liegt. Für zeitweise Regengüsse und bei Schneeabgang muß Raum für den Abfluß des Wassers bleiben.

In solchen Thalbildungen, wo also die Grenze nicht durch Spuren der Wasserschäden erkennbar ist, muß ein Weg oder eine Schneise die Abgrenzung bilden, beide zählen aber in diesen Fällen zu den natürlichen Grenzen, sie sind die Hilfsmittel zu ihrer sichtbaren Bezeichnung.

Mulden, welche eine Neigung über 10% haben, verwendet man nur in Nothfällen zur inneren Abgrenzung, durch ihre Annahme entzieht man dem nutzbaren Holzboden die zur Holzzucht besten Flächen, ohne dadurch einen anderen wesentlichen Vortheil zu erreichen.

b) Die Bergrücken bezw. ihre Scheitel- oder Rückenlinien sind, streng genommen, ebenso wenig genaue Grenzen der Standortsunterschiede wie die Wasserlinien der Thäler, beide trennen sie in nächster Nähe meist nur ganz gleichen Standort, sind aber trotz alledem zur Trennung in der Himmelslage nicht zu entbehren.

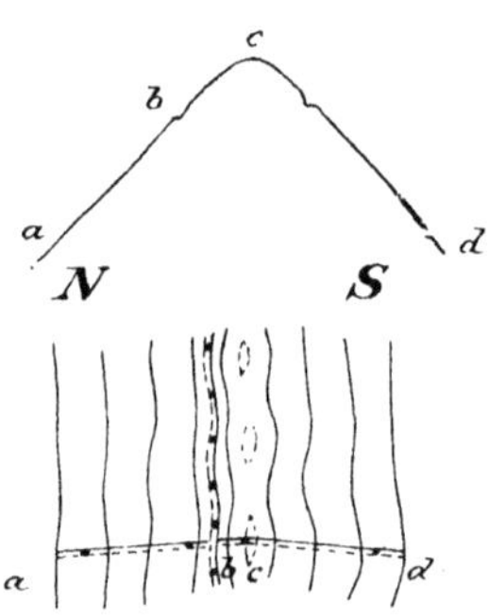

Fig. 1.

Besonders in den höheren Gebirgslagen würde vielfach ein Zusammenfassen der obersten trockenen Flächen und Theile der beiderseitigen Hänge oder der obere Theil des Nordhanges mit der trockenen Südseite (wie seitlich angedeutet) die Standorte am richtigsten trennen, solche Bildungen würden aber im zusammenhängenden Waldlande, der Aneinanderreihung der Abtheilungen wegen, größere Mißstände herbeiführen, sie können daher nur ganz vereinzelt, ähnlich den Kopfabschnitten, wo ohnehin Wege von Sattel zu Sattel die Abgrenzung vollziehen, gutgeheißen werden.

Das Festlegen der Abtheilungsgrenzen über die Bergrücken muß, wenn die Abtheilungsflächen fahrbar sind, oder fahrbar hergestellt werden können, durch Anlage von Schneisen geschehen. Unfahrbare Rücken bedürfen eines breiten Aufhiebes nicht, für sie genügt das Auflichten der Rückenlinie von Stein zu Stein.

Wenn die Schneisen über hervorragende Höhenzüge der herrschenden Windrichtung entgegenziehen, erscheinen sie geradezu als Eingangsthore für diese Windströmungen und geben die Ränder der beiderseitigen Bestände diesen Strömungen preis, dagegen ist aber hervorzuheben, daß auf den Rücken unserer Gebirge die Bestände am sturmfestesten sind, weil sie geringeren Höhenwuchs erreichen, vielfach in Gestein fester wurzeln und von Jugend auf den stärksten Windbewegungen ausgesetzt sind.

Aber wenn auch die Rückenlinie bezw. Rückenschneise die Standorte vielfach nicht scharf abgrenzt, wenn sie auch bei gewissen Richtungen die Bestände gefährlichen Windströmungen öffnet, auch nur bei ebenem oder mäßig geneigtem Verlaufe zur Holzabfahrt dienen kann, wird sie trotzdem die hervorragendste Eintheilungslinie im Gebirge bleiben. Neben ihrer Eigenschaft als beste Trennungslinie für die Himmelslage ist besonders der Vortheil hervorzuheben, daß sie den für die Waldwirthschaft geringsten Boden wegnimmt, daß bei ihrer Benutzung als Abfuhrweg ein Härten der Fahrbahn meistens erspart wird, oder doch nur geringe Kosten verursacht, daß ihre gewöhnlich trockene Fahrbahn sich wenig abnützt und daß Bodenraub durch Wasser nur bei der mangelhaftesten Aufsicht vorkommen kann.

Unsere Bergrücken schützen nicht allein durch ihre körperliche Erhebung über das seitliche Gelände die auf diesem stockenden Bestände, nicht wenig trägt auch zum Schutze ihr sturmfester Bestand bei[1]).

Die Rückenschneise liegt am zweckmäßigsten, wenn ihre Fläche nach beiden Seiten abhängt, also über die höchste Fläche verläuft, sie liegt dadurch trocken und nützt sich als Fahrbahn am wenigsten ab.

Bei unregelmäßigem Verlauf der Bergrücken können Brechpunkte bei der Absteckung der Schneisen nicht vermieden werden, man muß die richtigen Stellen für sie suchen und möglichst flache Winkel bilden. Man kann auch nicht immer allen kürzeren Rückenzügen genau folgen, muß vielmehr, um ungünstige Abgrenzungen zu verhüten, vielleicht auch, um unfahrbare Strecken zu vermeiden, gegebenen Falles seitlichen Abweichungen den Vorzug geben. Es gehört Uebung und Geschick dazu, in schwierigen Fällen zufriedenstellende Rückenlinien herzustellen.

c) Die unzweifelhaften Kulturgrenzen, die Grenzen des Schutzwaldes und des unbedingten Waldbodens, die Wachsthums- und Anbaugrenzen der Hauptholzarten.

Der höchstmögliche Ertrag aus der Gesammtfläche der Bodenwirthschaft eines Landes ist nur dann denkbar, wenn alle einzelnen

---

[1]) Diese letztere Thatsache ist ein Fingerzeig für den Holzanbau, also für die Bergrücken möglichst eine Holzart wählen, welche nicht zu flach wurzelt, beispielsweise für gewissen Standort lieber die Tanne als die Fichte dem Rücken und der Schneise entlang anbauen.

Flächen derjenigen Kulturart überwiesen sind, bei welcher auf ihnen die höchsten Werthe dauernd erzeugt werden können.

Der Erreichung dieses Zieles steht noch vielfach die unrichtige Vertheilung der Bodenflächen an die einzelnen Kulturarten im Weg.

Die Vorsteher und Leiter der Zusammenlegungen und Forsteinrichtungen sollten nicht versäumen, im einzelnen ihr Scherflein zur Berichtigung dieser Mißverhältnisse beizutragen.

Kommen in einem Waldbesitz nennenswerthe Flächen von annehmbarer Form vor, welche bei landwirthschaftlicher Benutzung (Acker, Wiese, Weinberg u. s. w.) ungleich höhere Erträge dauernd versprechen, dann ist es angezeigt, sie von Waldboden abzugrenzen, bezw. Eintheilungslinien auf diese Kulturgrenzen zu legen, damit die Umwandlung zu jeder Zeit ausgeführt werden kann, ohne die Gesammteintheilung zu stören. Namentlich in Wiesengründen bietet sich oft Gelegenheit zur Berichtigung falscher Kulturgrenzen. Wenn Verhältnisse von der sofortigen Berichtigung abhalten, kann z. B. die Leitung der Randwege den Kulturgrenzen entlang, anstatt den augenblicklichen Besitzthumsgrenzen folgend, spätere Ausführungen anregen, fördern und erleichtern.

Bei dem Beginn des Zusammenlegungs- (Flurbereinigungs-) Verfahren einer Feldmark sollte die Forstverwaltung es nicht versäumen, die Waldgrenzen in Bezug auf diese Frage zu untersuchen und wünschenswerthe Berichtigungen anregen gegebenen Falles die Einbedingung geeigneter Flächen in das Verfahren beantragen[1]).

Bei der Waldeintheilung kommen außerdem noch in Frage:

die Grenzen zwischen Schutzwald und Wirthschaftswald,

im Wirthschaftswald wieder die Grenzen zwischen unbedingtem Waldboden und solchem, welcher auch für landwirthschaftliche Benutzung brauchbar ist,

---

[1]) Während meiner Dienstzeit im Reg.-Bez. Trier sind in zwei Gemeindebezirken gelegentlich der Zusammenlegung große Flächen des Gemeindewaldes zu landwirthschaftlicher Benutzung abgegeben worden und dafür das Mehrfache der Flächen an Oedland zur Waldanlage gelangt. Es sind daraus unzweifelhafte Vortheile sowohl für Landwirthschaft, als auch für Forstwirthschaft erwachsen. Von der Oberleitung im Forsthaushalt in Preußen sind in letzter Zeit mehrfach dahin zielende Anweisungen ertheilt worden, sie haben nur dann Erfolg, wenn den Verwaltungsbeamten oder den höheren Beamten der Lokalverwaltung ein tieferer Einblick für diese Ausführungen nicht fehlt. So lange für das Forsteinrichtungswesen nicht besonders dafür verantwortliche Beamten mit Feldmesserbefähigung bestellt werden, führen die höheren Anordnungen nicht zum erwünschten Ziel.

die Wachsthumsgrenzen und die Anbaugrenzen für die Hauptholzarten.

Wo es nur irgend angezeigt erscheint, soll man diese natürlichen Grenzen bei der wirthschaftlichen Eintheilung örtlich feststellen und möglichst als Grenzen der Abtheilungen benutzen, es erhöht den Werth der Arbeit und schützt vor Irrungen.

Bei der forstlichen Berufsthätigkeit kommen diese Fragen bei Anlage, Erhaltung und Bedrohung des Schutzwaldes, bei Ausstockungs- und Umwandlungsanträgen der Waldeigenthümer, bei der Wahl der anzubauenden Holzarten und gelegentlich der Zusammenlegungsverfahren vor. Es wird wesentlich zur Klärung und zum Austrag dieser verschiedenen Fragen beitragen, wenn schon bei der Eintheilung über all diese Verhältnisse von sachkundiger Seite nachgedacht wird, wenn sichtbare Anhaltspunkte gegeben oder auf andere Weise die ermittelte Sachlage beurkundet wird.

Den Schutzwald vom Wirthschaftswald zu scheiden, in letzterem die Grenze des unbedingten Waldbodens zu bestimmen, ist gar nicht so schwer, in einzelnen Fällen sind die Scheidelinien örtlich angezeigt, bei anderen muß ein größerer Spielraum zugestanden werden [1]).

Die Wachsthums- und Anbaugrenzen für die Hauptholzarten in Bezug auf senkrechte Höhe ü. N. N. festzustellen, darf in den Fällen, wo solche in Betracht kommen, bei der Einrichtung von Gebirgsforsten nicht versäumt werden, zumal dieselben sogar innerhalb Deutschlands nach der Erhebung der einzelnen Gebirge und nach den Bodenverhältnissen recht verschieden sind [2]).

Im Idar- und Hochwald des Reg.-Bez. Trier (bis 818 m ü. N. N.) ist die Wachsthumsgrenze für die Laubhölzer nicht erreicht, wohl aber für Kiefer und Lärche, welche über 700 m frühzeitig absterben.

Wichtiger, aber schwieriger als die Wachsthumsgrenze ist die Anbaugrenze festzustellen, über welche hinaus eine Holzart nicht mehr anzu-

---

[1]) Verfasser war 1869 Mitglied der von dem Landwirthschafts-Minister ernannten Kommission für die Wiederbewaldung und Entwässerung des Nassauischen Westerwaldes; wo es sich um die Anlagen von Schutzwald handelte, vollzog sich die Bestimmung der Grenzen leicht, die Vertreter der Gemeinden stimmten nahezu in allen Fällen mit den Ansichten der Techniker überein.

[2]) Nach Hundeshagen — 4. Auflage, Tübingen 1842 — liegt die senkrechte Verbreitungsgrenze in Deutschland von Buche zwischen 1500′ und 4000′ (608 m und 1507 m), von Kiefer zwischen 1000′ und 2300′ (377 m und 866 m). Bei den neueren Schriftstellern über Waldbau fehlen diese Angaben.

bauen oder nachzuziehen ist, weil eine andere, der Erfahrung nach, höhere Massen und Gelderträge liefert. Diese Grenzen finden sich in Deutschland in allen Gebirgen über 500 m ü. N. N., sind aber verschieden nach der geographischen Lage, nach der Gesammterhebung und nach den Bodenverhältnissen der einzelnen Gebirge, und gerade deshalb ist ihre Bestimmung für die ausübende Forstverwaltung von hoher Bedeutung.

Die Forstwissenschaft ist mehr als manche andere Erfahrungswissenschaft. Die Erfahrungen von allen Standorten und Holzarten im Deutschen Reiche können aber nicht sämmtlich an den Lehranstalten gelehrt, noch weniger behalten werden, sie vermehren sich auch täglich und was im Osten und Norden nützt, ist nicht immer im Westen und Süden dienlich.

Der Holzanbau auf falschem Standort zählt im forstlichen Leben zu den Todsünden, weil er Umtriebszeiten lang am Waldertrage zehrt, er kann nur dadurch verhütet werden, daß bei der Forsteinrichtung auf Ermittelung und Feststellung der Anbaugrenzen der gebührende Werth gelegt wird und diese schon bei der Eintheilung berücksichtigt werden[1]).

d) Die starken Brechpunkte in der Gelände-Neigung.

Wenn aus einer flacheren Umgebung durch allseitiges stärkeres Ansteigen des Geländes ein Berg oder Kopf entstanden ist, so bezeichnet die untere Grenze dieser Erhebung der starke Unterschied (Brechpunkt) in der Geländeneigung. Derselbe Brechpunkt in der Neigungslage entsteht, wenn sich der Berg oder Kopf nach einer gewissen Erhebung verflacht und eine Bergebene bildet. Außerdem kommen überall einmal auffallend starke Wechsel in der Neigungslage vor, welche die gegenseitige Abgrenzung und Beachtung bei der Eintheilung wünschenswerth erscheinen lassen.

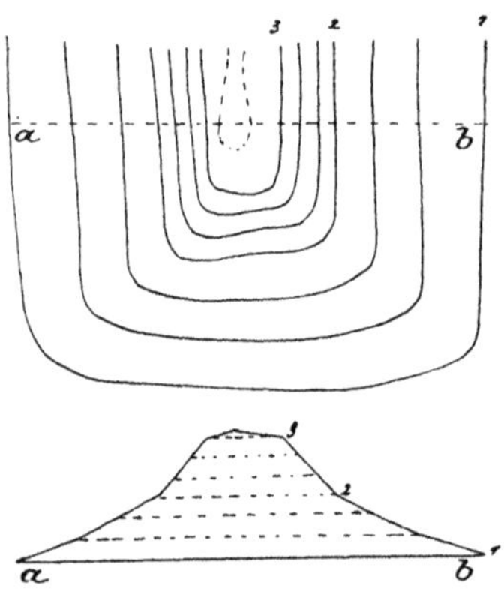

Fig. 2.

[1]) Im Idar- und Hochwald ist die Eiche und Buche in den letzten 50 Jahren noch immer auf falschem Standort angebaut worden. Zwischen 700 m und 818 m ü. N. N. wurden noch vor 20 Jahren überalte lichte über 200jährige Buchen als Ausschlußholzung beibehalten, anstatt sie längst in Nadelholz umzuformen.

Auf der Karte mit Höhenschichtenlinien sind sie durch größere Unterschiede in dem Abstand dieser Linien zu erkennen.

4. Die gebotenen Grenzen.

Die Voll- und Nebenbahnen nehmen in dem Walde so breite Flächen ein, daß man sie in den meisten Fällen zweckmäßig als Abtheilungsgrenzen benutzt. Selbst wenn sie ganz unbedeutende Flächen vom Waldlande trennen, werden sie noch als Grenzen von Unterabtheilungen gelten müssen.

Bei den Kleinbahnen kommt es auf den Verlauf und auf ihre Breite an, ob sie als Grenzen zu verwenden sind.

Regelrecht und mit annehmbarer Neigung angelegte Landstraßen und Landwege verwendet man, wenn irgend thunlich, zur Abgrenzung der inneren Eintheilung, wenn aber das Netz der Hauptwege und der Graden Abfuhrwege Verbesserungen für öffentliche Wege, welche eine ungünstige Lage haben oder mit zu starker Neigung behaftet sind, vorsieht, dann muß in erster Linie diese verbesserte Weglage zur Abgrenzung benutzt werden, namentlich, wenn die Möglichkeit und Wahrscheinlichkeit vorliegt, daß solche alten Wege nach dem Ausbau der Verbesserungen eingehen werden.

5. Die künstlichen Trennungsmittel, die Schneisen.

Wie schon früher angedeutet, rechnen die Schneisen, welche zur Festlegung der Thallinien und der Rückenlinien gelegt werden, zu den natürlichen Grenzen, denn die Wasserlinien der Thäler, wenn sie mangels sichtbarer Merkmale durch Schneisen örtlich bezeichnet werden, verlieren dadurch die Wesenheit einer natürlichen Grenze nicht; das Gleiche gilt auch von den Rückenlinien, welche durch Schneisen kenntlich, oder besser benutzbar gemacht werden.

Zu den künstlichen Schneisen zählen nur solche, welche als Theilungslinien großer Flächen benutzt werden, sie scheiden neben der Himmelslage oft nur gleichen Standort, auch zur Zeit ihrer Anlage gleichen Bestand und ihre Lage wird dann meistens durch die Flächengrößen der zu bildenden Abtheilungen bestimmt. Sie liegen regelrecht, wenn sie senkrecht zu den Höhenschichtenlinien, also in der Fallrichtung der Bäume abgesteckt werden.

6. Die zur Eintheilung verwendbaren Wege.

Von den Hauptwegen und den Graden Abfuhrwegen, bei deren Leitung auf die Brauchbarkeit zur inneren Eintheilung gar nicht gerücksichtigt wird, sind trotzdem die ersteren vielfach dazu geeignet, weil sie in der Regel mit mäßiger Neigung angelegt werden, die Graden Abfuhrwege aber häufig gar nicht, zuweilen nur streckenweise. Ausnahmen kommen in mäßig geneigtem Gelände vor, wenn sie in der Lage des größten Gefälles verlaufen oder wenn sie als Thalwege in der Nähe der Wasserlinien hinziehen und ihnen vor diesen der Vorzug als Grenze zuerkannt wird. Dagegen werden die Wirthschaftswege bei einer regelrechten Wegenetzlegung so geleitet, daß sie meistens zur Eintheilung brauchbar sind. Dabei ist nicht ausgeschlossen, daß streckenweise Theile dieser Wege zur Eintheilung nicht verwendet werden können, gewöhnlich am Anfang oder am Ende derselben bei ihrer Einführung in andere Wege oder an die Sammelstellen in den Einsattelungen.

Der Wirthschaftsweg ist das zweckdienlichste Mittel zur Waldeintheilung.

7. Die maßgebenden Grundsätze für die Bildung der Abtheilungen.

Zumeist bestimmend hierbei ist der Standort bezw. seine Unterschiede. „Standort" ist der Gesammtbegriff bei Beurtheilung einer Waldbodenfläche in Bezug auf ihre Ertragsfähigkeit für eine gewisse Holzart. Gewöhnlich bestimmt man den Standort nach fünf Güteklassen. Die Unterschiede hängen ab von dem „Boden" in Erwägung seiner Gesammteigenschaften mit Berücksichtigung seiner Höhenlage, Himmelslage und Neigungslage. Nur bei großen Unterschieden in den Länge- und Breitegraden kommt die geographische Lage in Betracht.

Eine wirthschaftliche Eintheilung, genau getrennt nach den einzelnen Standortsunterschieden der anzubauenden Holzarten, bleibt im Gebirge ein Sehnsuchtsbild, aber Leitgedanke muß der Standortsunterschied dennoch bleiben.

Die Größe der Abtheilungen muß mit den besonderen Verhältnissen der „Wirthschaftsganze" und ihrer „Wirthschaftstheile" möglichst in Einklang gebracht werden. Bei großem Besitz in zusammenhängenden Forsten wird man unter gewissen Voraussetzungen größere Abtheilungen bilden können, als im kleinen Besitz und bei getrennter Lage.

Von der Holzart wird die Größe der Abtheilungen insofern etwas beeinflußt, daß man auf Flächen, welche ausgeprägter Standort für gewisse Holzarten sind, z. B. im Sand für die Kiefer, im Urgebirge für Fichte und Tanne, im Buntsand für Buche, die Abtheilungen größer bilden kann, als auf Flächen mit häufig wechselndem Standort, namentlich für Laubholzarten in Kalk, Basalt u. s. w.

Durch den gegenwärtigen Holzbestand darf man sich zur Wahl einer ungünstigen Abgrenzungslinie nicht verleiten lassen. Falls die richtige Linie mit der zeitigen Bestandesgrenze zusammenfällt, ist es äußerst erwünscht; die Fälle sind allerdings selten. Bei einer Waldeintheilung, welche von Dauer sein soll, hat das Klagegeschrei von Zerreißung der Bestände keine Berechtigung. Die durch einen Aufhieb von Schneisen etwa drohende Gefahr im älteren Holze verhütet man durch Verschiebung des vollen Aufhiebes, dasselbe kann auch in vielen Fällen bei den Wirthschaftswegen geschehen, die richtige Lage eines Weges darf aber durch die Rücksichtnahme auf den gegenwärtigen Holzbestand nicht aufgegeben werden.

Es ist ein Verkennen von dem Wesen einer wirthschaftlichen Eintheilung im Gebirge, wenn man vom grünen Tische bestimmte Größen vorschreibt, sie sind richtiger vorgezeichnet durch die Eigenart der verschiedenen Gebirgsbildungen, ob massige, ruhige Formen mit wenigen aber tiefen Thalzügen, oder zerrissene Gebilde mit häufigem Wechsel von Berg und Thal und den hiervon abhängigen selteneren oder öfteren Standortsverschiedenheiten.

Kleine Abtheilungen sichern im Laubholz am ehesten die Ausnutzung aller Samenjahre, kürzen die Verjüngungsdauer ab und ermöglichen eine angemessene Vertheilung für den Holzmarkt, im Nadelholz erleichtern sie die Herstellung einer größeren Zahl von Hiebszügen, ermöglichen überhaupt eine größere Beweglichkeit bei der Wirthschaft.

Bei einem Spielraum von 10 bis 30 ha kann in den meisten Oertlichkeiten gerechten Forderungen volle Rechnung getragen werden.

Besondere Wirthschaftserfolge hängen von dem verschiedenen Größenmaß der Abtheilungen nicht ab.

Die Form der Abtheilungen beeinflußt im Gebirge die mehr oder minder häufige Unregelmäßigkeit der Gebirgsbildungen, immerhin wird man der dem länglichen Rechteck sich nähernden, nicht allein wegen ihrer vortheilhafteren Fortschaffungsweite, auch wegen dem geringsten Flächenverbrauch an künstlichen Trennungslinien den Vorzug geben. Diese Form ist am ehesten zu erreichen, wenn die Höhen der Abtheilungen durch möglichst gleich gerichtete Wege abgegrenzt werden können.

Bei einer solchen Quertheilung durch Eintheilungswege ist für den Abstand derselben die Neigungslage der Bergwände maßgebend.

Bei Bestimmung des Abstandes der Wirthschaftswege wird vielfach zum Anhalt die Frage gestellt, wie weit die Arbeiter das Holz ohne Hilfe von Handfuhrwerk, lediglich mittels Tragens an die Abfuhrwege oder die fahrbaren Schneisen fortschaffen können. Man nimmt an, daß ihnen dieses auf ebener oder nahezu ebener Bahn 150 Schritte (124 m), bergab nicht über 200 Schritte (167 m) zugemuthet werden könne[1]).

Diese Zumuthung ist reichlich weit bemessen, aber sie könnte noch etwas weiter angenommen werden, wenn man unter gewissen Bedingungen (welche später besprochen werden) die Benutzung von Handfuhrwerk, wie es vielfach üblich ist, zuläßt.

Wie schon angedeutet, ist die Neigungslage bei dieser Bestimmung der wesentlichste Anhaltspunkt, aber es spricht auch die Bodenbeschaffenheit, ob tiefgründig oder steinig, ob naß, feucht oder trocken, daher können auch für gewisse Neigungslagen keine bestimmten Entfernungen vorgeschrieben werden, es muß immer ein Spielraum bleiben.

Die zu treffenden Abstände werden sich bewegen im Gelände:

von	eben bis 9 %	Neigung	zwischen	200	und	300 m,
„	10 %—20 %	„	„	125	„	200 m,
„	20 %—30 %	„	„	100	„	150 m,
	darüber		„	80	„	100 m.

Diese Abstandszahlen für die Wirthschaftswege gelten selbstredend nicht für diejenigen Wirthschaftswege, welche als Eintheilungswege dienen sollen, diese können vielmehr ein Mehrfaches der angegebenen Zahlen betragen. Bei meinen Wegenetzen — auch im Idar- und Hochwalde — sind vorzugsweise nur solche Wirthschaftswege gelegt, welche der Eintheilung dienen sollen.

Es ist nicht zweckmäßig, alle Wirthschaftswege, welche für die ausübende Wirthschaft im Laufe der Zeit in den Waldungen erforderlich werden, schon bei der ersten Bearbeitung zu bestimmen und festzulegen. Die Erfahrung wird noch Manches besser klären, es wird auch ohne Zweifel das Schienengeleise, namentlich bei den Wegen, welche der Durchforstungen wegen noch erforderlich werden, zur Anwendung kommen. Ohne Noth soll man mit der Vorausbestimmung

[1]) Die forstliche Grundeintheilung von Oberforstrath Braun, 2. Aufl. 1871. Darmstadt, C. G. Jonghaus.

nicht eilen, überall ist noch Jahrzehnte lang Arbeit genug an dem Ausbau des Vorliegenden. Nur sorge man, daß die Fähigkeit, diese Wege richtig einzuschalten, nicht abhanden kommt.

8. Die erforderlichen Kartenwerke.

In den meisten Ländern werden Karten über den Waldbesitz nicht mehr fehlen, es fragt sich nur, ob auch solche mit Darstellung der körperlichen Ausformung der Gebirge vorhanden sind.

In Preußen sind die Meßtischblätter der sog. Generalstabskarten im Maßstab 1 : 25 000 mit Höhenschichtenlinien im Abstand von 20 m — wo erforderlich, mit Zwischenlinien von 10 . 5 . 2,25 und 1,25 m Höhenunterschied — hergestellt. Die gleichen Kurhessischen Karten in demselben Maßstab haben einen Abstand der Höhenschichten von 18,83 m, gleich 60 rheinländischen Fuß.

Den sog. Specialkarten (Urkarten) — in Preußen im Maßstab 1 . 5000 — fehlt in der Regel diese Darstellung der senkrechten Geländeverschiedenheit.

Je größer der Maßstab einer Karte und je kleiner der Unterschied der ermittelten und eingezeichneten Höhenschichtenlinien, um so leichter und sicherer ist der Plan zu einem Wegnetze und der wirthschaftlichen Eintheilung zu entwerfen.

Karten, wie die beiden eingangs erwähnten Meßtischblätter, genügen in den meisten Fällen zur Aufklärung der Geländeausformung und Feststellung der Hauptanhaltspunkte.

Nach der örtlichen Aufklärung im Walde und bei dem fortschreitenden Gang der einzelnen Ausführungen benutzt man aber zur genaueren Einzeichnung der hergestellten Punkte und Linien am besten Karten in größerem Maßstab, z. B. 1 . 5000 und zweckdienlich Abzeichnungen solcher auf Bausleinen zum Handgebrauch im Walde.

Wenn die vorhandenen Urkarten einigermaßen brauchbar sind, soll man mit der Wegnetzlegung und Eintheilung eine gleichzeitige vollständige Neumessung nicht verbinden. Falls diese Karten durch die Einzeichnung der inneren Neugestaltung zu undeutlich werden, kann man eine Abzeichnung derselben mit dem neuen Zustand fertigen, auch nach dieser letzteren neue Wirthschaftskarten herstellen lassen.

Durch die Einmessung der inneren Veränderungen in die alten Urkarten — wenn diese auch nur mit Anwendung der Boussole gut vollzogen wird — gewinnt man ein Urtheil über die Genauigkeit derselben. Wird auf Grund dieser Ergebnisse eine Neumessung des Waldgebietes erforderlich oder erwünscht erachtet, dann wird diese zweckmäßig verschoben, bis der Ausbau der neuen Wege und Schneisen in der Hauptsache beendet, also die Karte in der Natur auch hergestellt ist. Erst dann kann ein richtiges Abbild derselben geschaffen werden.

Bei Karten, welche an eine Landesvermessung angeschlossen und (poligonometrisch) durch Messung aller Winkel mit dem Theodolit hergestellt worden sind, müssen auch die inneren Veränderungen auf dieselbe Art und Weise vollzogen werden, damit die Urkarte nicht an Werth verliert.

Wenn in kleineren Waldbezirken, in welchen sich das Gelände leicht übersehen läßt, der geübte Fachgenosse zur Herstellung des Wegenetzes und der Eintheilung die Höheschichtenlinien auch mal entbehren kann, sollte man doch in größerem zusammenhängendem Waldland, wenn diese Darstellung der Gebirgsbildungen auf den Karten fehlt, sie vorher ausführen lassen. Diese scheinbare Mehrarbeit sichert eine richtigere und raschere Herstellung der Entwürfe, ist namentlich unentbehrlich bei Beurtheilung dieser durch andere Sachkenner, welche dazu berufen sind, die Prüfung jener Entwürfe in kürzerer Zeit vorzunehmen, sie macht sich überhaupt nach jeder Richtung wieder voll bezahlt.

Die Wirthschaftskarten werden in Preußen im Maßstab 1 . 25 000 hergestellt. Die Veranlassung zur Wahl dieses etwas kleinen Maßstabes war jedenfalls die Wahl des gleichen Maßstabes zu den mit Höhenschichtenlinien versehenen Generalstabskarten. Wenn auch für die Verwaltungsbeamten diese Karten genügen, weil sie auch die Urkarten besitzen, sollten doch für die Förster Handkarten im Maßstab 1 : 10 000 gefertigt und diese in gleicher Weise ausgestattet werden, wie die Wirthschaftskarten für die Verwaltung: mit Höhenschichtenlinien, Angabe der Wirthschaftszeiträume, Holzarten u. s. w.

Erst in der zweiten Hälfte des 19. Jahrhunderts hat man in den verschiedenen Ländern mit dem Legen von Höhenschichtenlinien im gebirgigen Waldlande und dem Aufnehmen in die Waldkarten begonnen.

In Bayern wurde zu diesen Aufnahmen auf ausgedehnten Flächen das Metallbarometer verwendet. In 10 000- und 20 000 theiligen Karten sind Höhenlinien mit Abständen von 5 m, 8,76 m und 10 m eingetragen worden [1]).

---

[1]) Karl Krug, die Anfertigung forstlicher Terrainkarten. Verlag von Julius Springer, Berlin 1878. Das Verfahren ist sehr ausführlich beschrieben und auf Karten dargestellt.

Bis zum Ende des Jahres 1879 waren auch in Württemberg schon von 30 000 ha Staatswald Karten mit Höhenlinien — theils von Forstbeamten, theils von Eisenbahn-Baubeamten aufgenommen — vorhanden. Die Herstellungskosten betrugen zwischen 68 bis 91 Pfg. für das ha, später verminderten sich die Kosten bis 62 Pfg.[1]).

Verfasser hat im Jahre 1880 in den Preußischen Oberförstereien Burgjoß und Salmünster — Reg.-Bez. Cassel — in den von Bayern abgetretenen Waldtheilen von zwei tüchtigen und geübten Feldmessern Höhenschichtenlinien legen lassen. In Burgjoß wurden von 1800 ha mit Anwendung des Fennel-Wagner'schen Distanzmessers die Höhenlinien im Abstand von 10 m auf 5000theilige Karten eingetragen. Die Kosten betrugen 30 Pfg. für das ha. Die sichere Einzeichnung der Rücken- und Muldenlinien in den Bayerischen Waldkarten förderten die Arbeit sehr. In Salmünster kam das Metallbarometer auf etwa eben so großer Fläche zur Anwendung. Nach diesen Erfahrungen ist bei guten Kartenwerken der Aufnahme mit gedachtem Distanzmesser wegen größerer Genauigkeit der Vorzug zu geben. Auch die Kosten sind nicht höher als bei den Arbeiten mit dem Metallbarometer[2]).

In Preußen werden seit dem Jahre 1846 Höhenschichtenlinien aufgenommen und in die Generalstabskarten im Maßstab 1:25 000 eingetragen. Bei ihrer Verwendung muß man besonders beachten, aus welchem Zeitabschnitt sie stammen, denn sie haben sich von den Jahren 1846—1865 und 1872 ab, fortschreitend durch die Vermehrung der trigonometrischen Punkte erheblich verbessert. In die forstlichen Wirthschaftskarten sind nur die seit 1872 verbesserten Höhenlinien zu übernehmen. Im Reg.-Bez. Trier stammen die Karten größtentheils aus dem Jahre 1850, sie sind nur zum Theil in den Jahren zwischen 1878 und 1887 (rekognoscirt) verbessert worden, von verschiedenen Theilen fehlen heute noch verbesserte Karten.

Es sei noch darauf aufmerksam gemacht, daß die zum Arbeitsfeld des Hochwaldes zählenden Flächen auf den Generalstabskarten im Maßstab 1:25 000 mit Höhenschichtenlinien: 3458 Morbach, 3459 Hotten-

---

[1]) Die forstlichen Verhältnisse Würtembergs. Stuttgart, Rieger'sche Verlagsbuchhandlung, 1880. Abschnitt: Waldwegebau von Baurath Rheinhard. Runnebaum in Zeitschrift für Forst- und Jagdwesen, 12. Jahrgang, 11. Heft, November 1880.

[2]) In der Zeitschrift für Vermessungswesen von Dr. W. Jordan. Band XI. Heft 21, Jahrgang 1882 hat Feldmesser Helferich das beobachtete Verfahren dargestellt.

bach, 3479 Morscheid, 3480 Oberstein, 3495 Hermeskeil, 3496 Buhlenberg enthalten sind.

9. Die Aufklärung im Walde.

Die Aufklärung über die Gebirgsformen giebt im allgemeinen schon — für den, der sie zu lesen gelernt hat — die Karte mit den Höhenschichtenlinien. Auf solchen Karten kann der, welcher genügendes Verständniß von diesen Ausführungen hat, ein Wegenetz und die wirthschaftliche Eintheilung schon im Zimmer entwerfen, ob aber ein solcher Plan in allen seinen Theilen zur Ausführung geeignet ist, das kann nur im Walde durch eingehende Untersuchung festgestellt werden.

Bei dem Begang im Walde sind zunächst an der Hand gedachter Karten die höchsten und ausgedehntesten Rückenzüge zu verfolgen, es ist dabei zu untersuchen und festzustellen, welche Strecken fahrbar und ohne weiteres mit Schneisen zu versehen sind, auf welchen Strecken seitlich zu führende Schneisen die eigentliche Rückenlinie als Grenze ersetzen müssen und welche Theile als unfahrbare Rückenlinien ohne Anlage seitlicher Schneisen zur Abgrenzung zu verwenden sind. Dieser letzte Fall kommt namentlich bei rasch abfallenden felsigen Rücken vor. Auch die Hauptthäler seitlich der größeren Rückenbildungen sind besonders darauf zu prüfen, ob und welche Hindernisse für Ausgänge der aus den Seitenthälern kommenden Wege vorliegen. Wenn im Verlaufe dieser Thäler fremdes Gelände angrenzt, treten häufig, um die Waldwege auf die öffentlichen Wege zu führen, Schwierigkeiten in den Weg, welche nur durch Erwerbung fremden Besitzes zu beseitigen sind. Bei dem Begange der Hauptrückenzüge sind auch die Punkte zu vermerken, an denen durchgehende Seitenrücken beginnen und in den Sattelbildungen ist festzustellen, welche sich zum Ab- oder Durchgang von Wegen eignen und welche von ihnen Anfänge größerer Seitenthäler sind. Die Seitenrücken und Seitenthälern sind ebenfalls zu begehen und auf Alles zu untersuchen, was maßgebend für die Benutzung zur Abgrenzung der Eintheilung sein kann.

Bei massigen Gebirgsbildungen, in welchen hervorragende und durchgehende Rückenzüge mehr oder weniger fehlen, welche im Innern unregelmäßig ausgeformt sind, wo Bergebenen und Kopfbildungen mit welligem Gelände wechseln und die meisten Thalbildungen erst am Rande des Gebirgsstockes beginnen, muß man die natürlichen Grenzen, Rücken, Thäler und starke Unterschiede der Geländeneigung noch peinlicher feststellen, weil die Wahl der zur Ertheilung tauglicher Linien hier schwieriger ist.

Schließlich trägt man die bei den Waldbegängen für beachtenswerth erachteten Rückenlinien, Thalzüge, auch die bemerkenswerthen Einsattelungen probeweise möglichst genau auf die Karte, wodurch diese zunächst das Bild der Zerlegung in die einzelnen Bergformen darstellen wird: die Bergwände, begrenzt durch die Rücken und seitlichen Thallinien; die Kopfbildungen, die Bergebenen mit angrenzenden Mantelflächen, durch die stärkeren Brechpunkte der Geländeneigung. Diese natürliche Abgrenzung genügt aber in den meisten Fällen nicht, es muß untersucht und festgestellt werden, ob und wo noch Trennungen nach den Standortsunterschieden, besonders nach der Himmelslage, der Höhenlage, der Neigungslage und auch in Bezug auf die Flächengröße u. s. w. erforderlich sind.

Die Himmelslage der Abhänge ist nicht immer genau nach Norden, Osten, Süden und Westen gerichtet, es kommen vielmehr Lagen nach allen Strahlen der Windrose vor. Die Nordlage ist die kälteste, die Südlage die wärmste, die Ostlage ist frischer und meist tiefgründiger als die Westlage, diese in Westdeutschland mehr der Niederschlägen ausgesetzt und flachgründiger durch die ewigen Abwaschungen. Bei erforderlichen Vereinigungen oder Trennungen dieser verschiedenen Himmelslagen ist zu beachten, daß in den meisten Fällen zur Nordlage besser Nordost- als Nordwest-, zur Ostlage besser Südost- als Nordost-, zur Südlage besser Südwest- als Südost-, und zur Westlage besser Nordwest- als Südwestlagen passen. Für das Pflanzenleben besteht zwischen der Nordwest- und Südwest-, und zwischen Nordost- und Südostlage ein größerer Unterschied, als zwischen der Nordwest- und Nordost- und Südost- und Südwestlage. (Der Winzer zieht die Südwestlage der Südostlage bedeutend vor, er ist hierfür der sicherste Beobachter, weil bei ihm die Himmelslage der wichtigste Standortsunterschied neben dem Boden ist.)

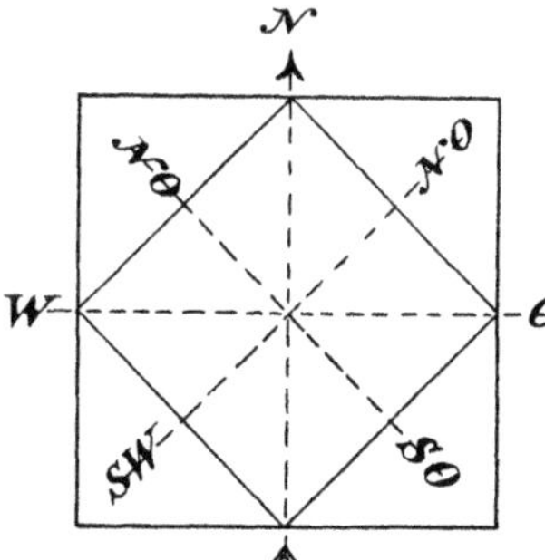

Fig. 3.

Die Höhenlage ist für den Forsthaushalt ein wesentlicher Gesichtspunkt, weil sie mitbestimmend und vielfach entscheidend für den Holzanbau ist. Bei der wirthschaftlichen Eintheilung können durch richtige, stufenweise Abgrenzungen Fehler im Anbau verhütet werden. Namentlich bei Erhebungen von 500 m ü. N. N. an, ist die Höhenlage insofern zu berücksichtigen, daß man Gelände mit zu großem, etwa 120 m Höhenunterschied, nicht in einer Abtheilung oder Unterabtheilung vereinigt. Wenn man erwägt, daß sich bei der Höhenausdehnung einer Abtheilung

von 400 m bei	10 %	Geländeneigung	40 m	Höhenunterschied	
" " " "	20 %	"	80 m	"	
" " " "	30 %	"	120 m	"	
von 500 m bei	10 %	"	50 m	"	
" " " "	20 %	"	100 m	"	
" " " "	30 %	"	150 m	"	ergeben,

dann wird man diese Forderung gerechtfertigt finden.

Für die Verhältnisse im Hochwald werden z. B. in der Höhenlage von 450 m (Anbaugrenze der Traubeneiche) und 600 m (Anbaugrenze der Buche) Abtheilungsgrenzen angebracht erscheinen. Sind die Wirthschaftskarten mit Höhenlinien versehen, werden diese Anbaugrenzen am passenden Orte vermerkt, wenn sie fehlen, ist es um so mehr angezeigt sie anzudeuten. Weil die Anbaugrenzen der Hauptholzarten nach der Gesammterhebung der Gebirge, nach den Bodenverhältnissen, nach der geographischen Lage u. s. w. örtlich sich erheblich ändern und in den Lehrbüchern nur mangelhaft und unbestimmt angegeben sind, ist es um so wichtiger sie örtlich zu ermitteln; auch schon bei der Eintheilung zu berücksichtigen und dieses der Betriebsregelung nicht allein zu überlassen. (Der tüchtige Wirthschafter in der Ebene ist, wenn er ins Gebirge kommt, ein Neuling, das kann unser Hochwald unbestreitbar bezeugen. Der junge Forstmann kann sich die eigenartigen, heiklen und örtlich so verschiedenen Verhältnisse bei den Reisen in der Vorbereitungszeit nicht ausgiebig aneignen.)

Die Abgrenzung nach Höhenstufen geschieht zweckmäßig durch die Anlage von Wegen mit 0 % oder nur geringer Neigung; im Gebirge die wagerechte Trennung der Abtheilungen mit Schneisen auszuführen, hat die größten Uebelstände im Gefolge, wie manche alten Eintheilungen noch zur Genüge beweisen.

Bei Bergebenen und Kopfbildungen sind die Abgrenzungslinien durch starke Brechpunkte der Geländeneigung angedeutet, sie sind, wenn irgend thunlich, als Abtheilungsgrenzen zu benutzen und werden zweckmäßig durch Höhenrandwege und am Fuße der Kopfbildungen durch Ringwege abgegrenzt.

In den meisten Fällen geben die natürlich abgegrenzten Waldtheile zu große Flächen, sie sind in entsprechend kleine Theile zu zerlegen, hohe und breite Bergwände sind zuerst in ihrer Höhe durch Wirthschaftswege zu trennen, erst dann folgt die Theilung der Breite durch künstliche Schneisen.

Nach der inneren Aufklärung im Walde darf die Umgehung der äußeren Grenze des Arbeitsfeldes nicht versäumt werden. Neben den gegebenen Ausgängen in den Thalzügen, sind auch in angrenzenden Feldmarken die an den Wald stoßenden Feldwege in den Karten zu vermerken. Bei verkoppelten Feldfluren muß genau an die Hauptwege angeschlossen werden, in Gemeindebezirken, in denen dieses Verfahren noch zurücksteht, ist es besonders wichtig, neue Waldausgänge so zu wählen, daß der künftige Verkoppelungsfeldmesser sie berücksichtigen kann. Der kundige Forsteinrichter kann werthvolle Andeutungen mit Wege- und Schneisenausmündungen an den Feldgrenzen geben, z. B. wenn Waldrücken sich im Felde fortsetzen, sind die Schneisen so zu legen, daß bei der Feldeintheilung der Anschluß erfolgen kann.

10. Das Abstecken der Wege.

Zum Niederlegen der Weglinien auf das Gelände bedient man sich eines Gefällmessers. Werkzeuge dieser Art sind im Laufe der Zeit eine Anzahl ersonnen worden, zum Gebrauche im Walde ist das von Bose (s. Zt. Oberforstrath in Darmstadt) entworfene das empfehlenswertheste. Mit ihm ist für die weitaus meisten Fälle die erforderliche Genauigkeit zu erreichen, die Fähigkeit es zu handhaben ist von einem anstelligen Arbeiter in einigen Stunden zu erlernen und sein einfacher Bau erfordert nicht die sachverständige Behandlung, wie sie bei feinen Meßwerkzeugen unbedingt geboten ist. Kein anderer bis jetzt hergestellte Gefällmesser paßt in die Hand des Wegarbeiters besser als der Bose'sche, ohne ein solches Werkzeug kann der geschickteste Arbeiter, auch sonst Niemand, einen Weg nach seiner festgestellten Neigung richtig ausbauen, es ist dabei ebenso nöthig wie Hacke und Schaufel. Nicht die Wasserwage, sondern der Pendel regelt bei der Einstellung auf den Nullpunkt der Eintheilung die wagerechte Sehlinie, daher ist auch bei seinem Gebrauche kein Untergestell mit Füßen, sondern nur ein einfacher Stab mit Hängevorrichtung und eiserner Fußstachel erforderlich. Der Werth des Grundgedankens bei der Zusammenfügung dieses Meßwerkzeuges ist deshalb lange verkannt worden, weil die anfängliche Herstellung eine äußerst dürftige war. Nach Feststellung der verschiedenen Baumängel hat auf meine Veranlassung Mechaniker Otto Fennel in Cassel durch wiederholte wesentliche Verbesserungen im Bau, auch bezüglich einer empfindlicheren Schwingung des Pendels ein recht brauchbares Werkzeug hergestellt. (Der erste Bose'sche Gefällmesser kostete s. Z. in Darmstadt 15 Mk., in der Fennel'schen Werkstatt ist jetzt der Preis 51 Mk.)

Die genaue Beschreibung, auch über Handhabung des Bose'schen Gefällmessers, aus dem Sachenverzeichniß von Otto Fennel Söhne in Cassel entnommen, lautet:

„Das Bose'sche Nivellirinstrument eignet sich vornehmlich

zum Aufsuchen einer Linie von einem bestimmten Steigungsverhältniß,
zur Ermittelung der Gefällprocente einer beliebigen Linie,
zur Höhenaufnahme von Querprofilen und
zum Abstecken von Horizontallinien (Höhenkurven).

Die Abbildung stellt das Instrument nebst Visirtafel und den zugehörigen Stäben dar. Dasselbe besteht im wesentlichen aus einem kräftigen Messigrahmen, der oben mit einer Aufhängevorrichtung versehen ist, welche bewirkt, daß das Instrument frei hängend stets dieselbe Lage einnimmt. Eine Seite des Rahmens trägt die Procenttheilung, welche durch einen Doppelnonius auf $^1/_{10}$ Procent ablesbar ist. Der Nonius befindet sich auf einem Schieber, welcher in einem Schlitz der Theilung entlang beweglich und durch eine Klemmschraube auf der Rückseite des Instruments feststellbar ist. Auf diesem Schieber ist auch ein rechtwinklig gebogenes Messingplättchen aufgeschraubt, welches mit einer feinen Durchbohrung versehen, das Okulardiopter bildet. Auf der anderen Seite des Rahmens ist das Objektivdiopter angebracht, welches aus einem rahmenförmigen Stück besteht, in welchem ein Pferdehaar eingespannt ist. Dies Objektivdiopter läßt sich umklappen, um den Transport des Instruments zu erleichtern, der in einer mit Leder überzogenen, zum Umhängen eingerichteten Tasche stattfindet.

Wie sich aus Vorstehendem ergiebt, muß bei der Einstellung des Nonius-Nullpunktes auf den Nullpunkt der Eintheilung die Visirlinie der Diopter eine horizontale sein, wenn das Instrument an dem Stativstab freischwebend hängt. Ferner ist klar, daß bei dem Aufwärtsbewegen des Nonius vom Nullpunkte der Eintheilung aus die Visirlinie Fall, bei dem Abwärtsbewegen Steigung angeben wird.

Die Handhabung des Instruments ist die folgende.

Nachdem das Instrument über dem Anfangspunkt der aufzusuchenden Linie aufgestellt und der Nonius dem geforderten Steigungsverhältniß entsprechend eingestellt ist, wird der Führer der Visirtafel soweit seitwärts eingewiesen, bis die Visirlinie die Mitte der Tafel trifft. Als-

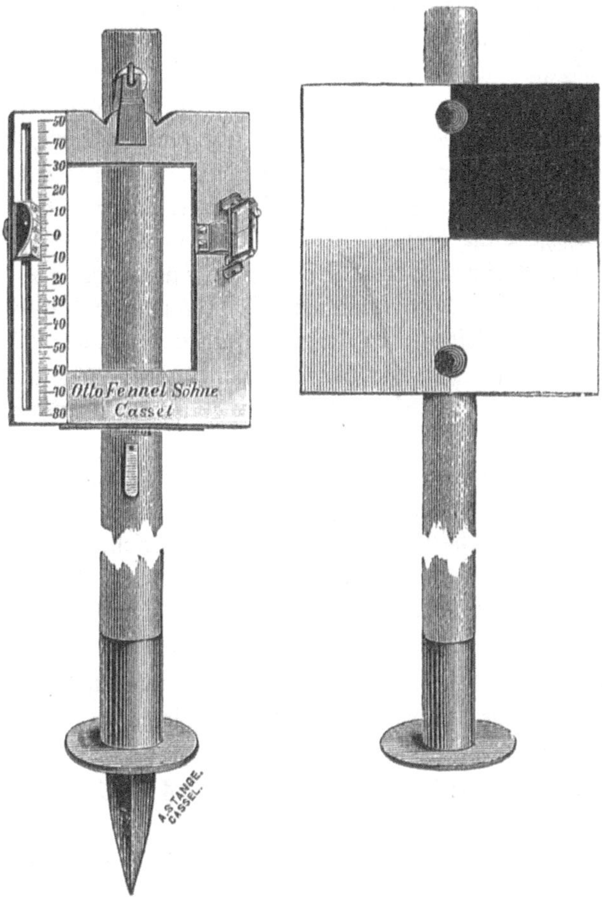

Fig. 4.

dann wird das Instrument über dem eben eingewiesenen Punkte aufgestellt und mit der nächsten Strecke ebenso verfahren.

Im umgekehrten Falle — zur Ermittelung des Gefällprocentes einer Linie — wird der Nonius so lange in dem Schlitze verschoben, bis die Absehlinie die diesmal feststehende Visirtafel trifft. Das gewünschte Resultat wird an der Eintheilung abgelesen.

Schon nach kurzem Gebrauch des Instrumentes und gehöriger Instruktion des Tafelführers geht die eben beschriebene Arbeit außerordentlich schnell von Statten. Hauptsächlich aber wird ein geübter Tafelführer zu dem raschen Fortgang der Arbeit beitragen, denn derselbe wird den zu suchenden Punkt schon im Voraus annähernd finden, auch solche Richtungen auswählen, in denen sich die zu bewegenden Erdmassen möglichst ausgleichen. Selbstverständlich bleibt die Länge der Visirlinie bei diesem Verfahren ganz außer Acht und darin eben ist der große Vortheil begründet, welcher das Instrument auszeichnet. Während z. B. das Aufsuchen einer Wegelinie mit einem Libelleninstrument die vorherige Längen- und Höhenermittelung eines Landstreifens bedingt, ehe die richtige Linie graphisch ermittelt und in die Natur übertragen werden kann, erfolgt mit dem Bose'schen Instrumente das Abstecken dieser Linie ohne jede weiteren Hilfsmittel. Auch dürfte es vielfach einen besonderen Vorzug bilden, daß letzteres Instrument infolge seiner einfachen Konstruktion und Handhabung von Leuten gebraucht werden kann, denen ein komplicirteres und theueres Instrument nicht anvertraut werden kann.

Bei Höhenaufnahmen von Profilen wird das Instrument über dem höchstgelegenen Punkte des Profils aufgestellt und wie bei der Aufnahme mit einem Libellen-Nivellirinstrument verfahren, nachdem die Visirlinie horizontal gestellt ist. Von den an einer Nivellierlatte abgelesenen Höhen der übrigen Punkte des Profils muß dann natürlich die Höhe des Instruments in Abzug gebracht werden.

Die Prüfung desselben ist höchst einfach; man hat nur die Erfüllung der folgenden Bedingungen zu kontrolliren:

1. Es soll die Theilung den vorausgesetzten Werthen 1 : 100, 2 : 100, 3 : 100 2c. entsprechen, daß heißt eine Procenttheilung sein;
2. Es soll die Mitte der Visirtafel ebenso hoch über der Fußplatte des zugehörigen Stabes liegen, als die Diopter des Instruments über der Fußplatte des Stativstabes;
3. Es soll die Visirlinie horizontal sein, wenn bei frei aufgehängtem Instrument der Nonius auf Null steht.

Ob diesen Bedingungen genügt wird, ist auf folgende Weise zu ermitteln.

Zu 1. Man entnimmt mit einem Maßstab oder Zirkel die Entfernung zwischen Okulardiopter (äußere Kante) und Objektivdiopter

(Haar) und sieht nach, ob dieselbe gleich 100 Theilen der Procenttheilung ist.

Zu 2. Einfaches Vergleichen der beiden Höhen giebt die gewünschte Sicherheit.

Zu 3. Man stellt den Nonius genau auf Null, bestimmt dann zunächst eine Horizontale und prüfe diese durch Rückwärtsvisiren. Die Rückvisur muß wieder genau die Mitte der Visirtafel treffen, wenn das Instrument justirt ist.

Sollte dies nicht der Fall sein, so verschiebe man das Okulardiopter so lange, bis die Rückvisur in die Mitte der Visirtafel trifft. Die am Nonius abzulesende Differenz gegen Null ist gleich dem doppelten Fehler, also beim Gebrauche des Instrumentes nur zur Hälfte in Anrechnung zu bringen. Dieser Fehler kann jedoch erst nach langjährigem fortwährendem Gebrauch des Instrumentes infolge Abnutzung der Aufhängevorrichtung entstehen. Derselbe ist bei schonender Behandlung des Instruments erfahrungsgemäß so unbedeutend, daß er bei gewöhnlichen Absteckungen unbedenklich vernachlässigt werden kann und überdies vom Mechaniker sehr leicht zu beseitigen ist.

Der Preis des vorstehend beschriebenen Instrumentes beträgt 51 M. Ein jedes Exemplar wird vor der Absendung in allen Theilen sorgfältig geprüft und genau justirt.

Das Bose'sche Nivellirinstrument, welches seinerzeit nach den Angaben des Herrn Forstrathes O. Kaiser in Trier verbessert wurde, findet besonders beim Waldwegebau Anwendung."

Beim Gebrauch des Bose'schen Gefällmessers bestimmen die Standpunkte der beiden Stäbe, von welchen der eine den Meßrahmen, der andere die Zielscheibe trägt, mit der unteren Fläche ihrer eisernen Fußplatten gleichzeitig und unmittelbar die Merkzeichen für die Neigungslinie und für die Bestimmung des Wegzuges.

Die Wahl der Stelle, auf welcher die beiden Stäbe Aufstellung finden müssen, ist von großer Bedeutung, sie wird vom Scheibenführer auf einem von Steinen und Bodenüberzug freien Raume gesucht oder geschaffen, indem er auf der bis zum Mutterboden gereinigten Erdoberfläche durch mehrmaliges Aufstoßen mit der Scheibenstabplatte eine kleine feste Ebene herstellt. Bei dem Weiterarbeiten muß genau auf die Stelle, auf welcher die Fußplatte der Scheibenstange gestanden hat, die gleich große Fußplatte der Meßrahmenstange mit dem eisernen Stachel eingestoßen werden.

Bei diesem Wechsel der Stäbe ist auf den gleich hohen Stand der Fußplatten besonders zu achten. Von der genauen Befolgung dieser Vorschrift hängt die Schärfe der Messung wesentlich ab.

Jedes neue Meßwerkzeug prüft man auf seinen richtigen Bau. Beim Bose'schen Gefällmesser sehe man darauf, daß am Meßrahmen die Sehöffnung nicht zu weit ist, die Hängevorrichtung für den Meßrahmen sicher schließt, die Oehse am Meßrahmen mit der Stärke des Hakens gut übereinstimmt, der Meßrahmen genügend schwer ist und leicht und sicher pendelt. Am Scheibenstab darf die Zielscheibe keinen Spielraum haben, der Holzstab muß die eiserne Hülse der Fußplatte voll ausfüllen, weil sonst durch das häufige und feste Aufstoßen der Stab kürzer werden kann.

Auch vor jedem späteren Gebrauch soll man die einfache und leichte Prüfung, ob mittlerweile keine Beschädigung stattgefunden hat, nicht versäumen. Sie besteht darin, daß man zwei feste, gute Standplatten nicht weiter als 20 m von einander entfernt, mit der Nullstellung des Meßrahmens genau feststellt und hierauf mit dem Stand der Stäbe wechselt. Ergiebt sich ein Unterschied gegen die Nullstellung, dann liegt der richtige Nullpunkt des Meßrahmens in der Mitte des Unterschiedes. Die Eintheilung des Meßrahmens prüft man in ähnlicher Weise, indem man die beiden Prüfungsplatten mit einem gewissen Neigungssatze der Eintheilung festlegt und nach dem Wechsel der Stäbe und Einstellung des Gegensatzes die Ergebnisse von Fall und Steigung mit einander vergleicht.

Zu der ersten vorläufigen Absteckung einer Weglinie bedarf man 50 bis 60 cm lange zugespitzte Stand- oder Tagpfähle (aus Spaltholz), welche nach der Wegnahme des Meßrahmenstabes 10 cm von der Standplatte in die Linie des Wegzuges zu seiner örtlichen Bezeichnung eingeschlagen werden. Sie tragen die Nummer der Standplatte und die Angabe des Neigungssatzes nach beiden Seiten.

Für die letzte endgiltige Niederlegung eines Wegezuges sind demnächst noch 10 bis 15 cm lange Höhen- oder Erdpfähle (aus Hartholz) mit senkrecht zur Achse des Pfahles abgesägten Kopfflächen herzurichten, welche durch Einschlagen in das Loch der eisernen Fußspitze auf der Mitte der Standplatte, genau bis zur Höhe derselben, die Höhenlage des Weges sichern sollen. Sind diese Erdpfähle bei der ersten vorläufigen Absteckung schon zur Hand, werden sie nicht festgeschlagen, nur lose in das Loch der Fußspitze eingesetzt.

Die Entfernung der Standpunkte liegt gewöhnlich zwischen 20 bis 30 m. Das Auge des Gefällmesserführers muß die genaue Deckung des im Meßrahmen zur Feststellung der Sehlinie wagerecht eingezogenen Pferdehaares mit der Mittelinie der Zielscheibe gut beurtheilen können. Sie hängt daher von der Sehschärfe des Gefällmesserführers, auch von dem Grade der Beleuchtung ab. Im freien Gelände kann sie größer gewählt werden als im geschlossenen Walde, im Laubholz größer als im dunkelen Nadelholze. Mehr Aufstellungen als unbedingt erforderlich, muß man vermeiden, schon um die Zahl der beim Stabwechsel möglichen Fehler zu vermindern.

Während der Einrichtung des Scheibenstabes müssen beide Stäbe senkrecht gehalten werden, der Meßrahmen muß in der Mitte des Hakens hängen und in senkrechter Lage zur Hängevorrichtung pendeln. Der geschickte Führer kann zum Vortheil eines rascheren Fortganges die Ruhe des Pendels durch sanfte Berührung des Meßrahmens mit dem Zeigefinger der linken Hand, welche den Stab umfaßt, etwas fördern. Bei mangelhafter Beleuchtung oder bei nicht ganz freier Sehlinie fördert der Scheibenführer die Arbeit durch schwache Hin- und Herbewegung der Scheibe in senkrechter Richtung zur Meßlinie.

Vor dem Ausziehen des Stabes wird der Meßrahmen abgenommen, der Arbeiter schlägt den Standpfahl ein, der Führer des Meßrahmenstabes geht zur Scheibe und setzt seinen Stab in die Platte der Zielscheibe unter prüfender Mitbeaufsichtigung des Scheibenführers ein.

In der Richtung der festzulegenden Linie geht der Scheibenführer bei Beobachtung der besprochenen Entfernung weiter, ist er geübt, dann spricht er schon die vorgeschriebene Neigung der Linie im Gelände ziemlich richtig an, er sorgt im gegebenen Falle für Auflichtung der Sehlinie und läßt sich von dem Gefällmesserführer durch die belehrenden Zurufe: „X-Scheiben . 1 . $^1/_2$. $^1/_4$. Scheibe höher oder tiefer," auch durch Winke mit der Hand so genau einrichten, daß er die Herrichtung der Standplatte rasch bewerkstelligen und ihre Höhenlage endgiltig feststellen lassen kann.

Stehen mehrere Gehilfen zur Verfügung, dann wählt man den erfahrensten zum Scheibenführer, die Bekanntschaft mit den Regeln für die Wahl der Standpunkte fördert die Arbeit.

Mit dem Niederlegen einer Weglinie fängt man zweckmäßig an einem Festpunkte, in der Regel an dem tiefst gelegenen, an. Sollte jedoch in der Mitte eines Wegezuges, dazu noch in einer Dickung, eine gewisse Stelle, vielleicht in einem Halbsattel, als Durchgangspunkt festzuhalten sein, dann beginnt man besser an dieser Stelle mit dem Abstecken nach beiden Seiten hin.

Für jeden Wegzug werden die Standpunkte in ihrer Reihenfolge fortlaufend nummerirt und die Neigungssätze beiderseits mit Blaustift festgeschrieben.

Die Reihenfolge der Wegabsteckungen nach dem auf der Karte ausgearbeiteten Entwurfe richtet sich nach ihrer Bedeutung und nach ihrer für die Eintheilung maßgebenden Eigenschaft. Im Hochwald-Beispiel waren es die Hauptwege und darauf folgend die Graden Abfuhrwege, welche die Wirthschaftswege aufnehmen sollen.

In einfacheren Verhältnissen, wo z. B. vorhandene Landstraßen und Landwege die Stelle der Hauptwege einnehmen, sind es die Graden Abfuhrwege, welche unabhängig von ihrem Werth als Eintheilungsmittel nach der besten oder im Gelände vorgeschriebenen Lage herzustellen sind, und da, wo vorhandene öffentliche Wege auch diese vertreten, müssen die Höhen- und Thalrandwege, die aus dem Sattel abgehenden Wege, welche die Lage aller übrigen zwischen ihnen noch anzulegenden Eintheilungswege bestimmen, mit ihrer ersten Festlegung vorangehen.

Bei der Absteckung mit dem Gefällmesser sollen, bei möglichst genauer Beachtung der in der Karte dargestellten Linien, die für den Ausbau, für die Unterhaltung, für die Herbeischaffung der Walderzeugnisse, für sicheren und unbehinderten Verkehr günstigsten Linien im Gelände aufgesucht und festgelegt werden. Dieses Ziel ist am ehesten zu erreichen durch eine zweckmäßige Anlehnung an das Gelände bei Beachtung einer gewissen Stetigkeit, sowohl des Wegzuges, als auch der Wegneigung, im Uebrigen gestattet die Freiheit der Bewegung im Walde auch dem Kostenpunkte gebührende Rechnung zu tragen.

Der Niederlegung der einzelnen Linien nach der im Entwurfe vorgesehenen Neigung können die verschiedenartigsten Hindernisse in den Weg treten: unregelmäßige Geländeausformungen, tief eingeschnittene Mulden im Wechsel mit scharf hervortretenden Rücken, Felsenvorsprünge, Abstürze, Sumpfstellen u. s. w. Da wo solche Hindernisse aus den Karten zu entnehmen waren, auch örtlich sichtbar sind, wurden sie bereits bei dem Entwurfe der Weglagen berücksichtigt, vielfach sind sie aber auf den Karten überhaupt nicht darstellbar oder wurden erst im Waldesdickicht aufgefunden. Wenn sich in diesen Fällen die im Entwurf vorgeschriebene Neigung nicht beibehalten läßt, sind zwischen den Anfangs- und Endpunkten solcher Wegzüge die durch jene Hindernisse anderweit zu bestimmenden Durchgangspunkte festzustellen und unter sich zu verbinden. Die dadurch etwa erforderlichen Neigungswechsel sind durch allmälige Ueberleitung in Abstufungen von etwa 1 % herzustellen. Die Längsschnitte solcher Uebergänge bilden dann, im Gegensatz zu der geraden Linie einer gleichbleibenden Neigung, gebrochene Linien, welche beim Ausbau der Wege um so weniger erkennbar werden, je vorsichtiger die Ueberleitung der Neigungsunterschiede stattgefunden hat. Nur bei Wegezügen mit der Grenze der zulässigen Neigung ist einer Ueberleitung mit geringem Neigungssatze nicht immer volle Rechnung zu tragen, in Nothfällen muß man sich auch mal mit Stufen von je 2 % und mehr begnügen. Wenn es thunlich ist, legt man die Neigungswechsel an die Brechpunkte im Gelände, in die Mulden und auf die Rücken. Die Höhenrandwege leitet man mit möglichst geringer Neigung darauf rücksichtigend, daß nach ihrem Ausbau die Auffahrt von der Bergebene überall, oder doch mit nur kurzen Unterbrechungen möglich ist. Können sie nach den Graden Abfuhrwegen von verschiedenen Absatzrichtungen nicht gleichwerthig, also mit nur geringer Neigung geführt werden, dann entscheidet über ihre Leitung die Lage der Graden Abfuhrwege oder des Graden Abfuhrweges der wichtigsten Absatzrichtung, nach welcher sie mit der günstigsten Neigung zu führen sind.

In regelmäßigen Bergabhängen mit gleicher Neigungslage schmiegt sich die abgesteckte Weglinie — die Meßlinie — der Erdoberfläche genau an, von dem einen Kopf des Höhenpfahles zum folgenden streicht die gerade Meßlinie über den Boden, beim Ausbau des Weges verläuft seine Mittelinie gleichgerichtet mit der Meßlinie. Diese würde auch gleichzeitig die Mittelinie des ausgebauten Weges werden, wenn der söhlige Abtrag des Bergabhanges den zur Wegherstellung nöthigen Auftrag genau ersetzte, die Erfahrung lehrt aber, daß zur Füllung eines Auftragraumes größere Abtrags-Raummassen erforderlich sind, wodurch die Wegmittelinie nach der Abtragsseite hin gleichgerichtet mit der Meßlinie verschoben wird.

Trifft die Absteckung einer Weglinie auf einen Geländewechsel, z. B. eine größere Rückenbildung, dann darf der durch diesen Wechsel gebildete äußerste Geländevorsprung als Standort für den Scheibenstab nicht gewählt werden, er muß vor diesem Vorsprung, der folgende hinter ihm ausgesucht werden, damit die Meßlinie den Vorsprung durchschneidet und dadurch schon den Wegzug nahezu andeutet.

In gleicher Weise müssen die tiefsten Einbiegungen in dem Muldenverlauf als Standpunkte gemieden werden, die Meßlinien müssen dort abwechselnd Luftlinien bilden, welche auch hier die Weglage schon andeuten.

Bei gleichem Neigungssatze ändert sich die Linie der Wegneigung nicht, aber die Linie des Wegzuges geht in gebrochene Linien über. Wird jedoch der Zug einer Meßlinie in der Weise gebrochen, daß ein Zickzack-Verlauf entsteht, daß also der regelmäßig auszubauende Weg kürzer werden wird als die Ausdehnung der Meßlinie, dann ist es räthlich, den Neigungssatz für diese unregelmäßige Strecke um etwa 1/8. 1/4 % zu ermäßigen, um die Stetigkeit der Wegneigung zu erhalten. Bei hohem Neigungssatz ist dieses am ehesten zu beachten.

Die Stetigkeit im Verlaufe eines Wegzuges ist aber für den bequemen Weg eine ebenso berechtigte Forderung, wie die Stetigkeit seiner Neigung, daher sind in unregelmäßigem und verworfenem Gelände bei häufigen und starken Biegungen die Brechpunkte der Linien geschickt zu

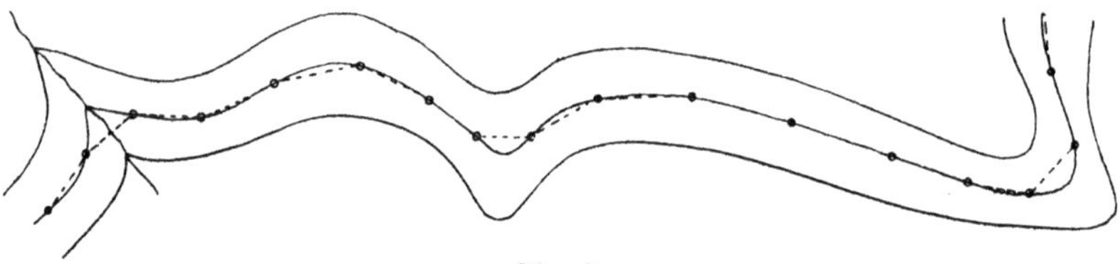

Fig. 5.

legen, damit sie beim Ausbau die Umwandlung der gebrochenen geraden Linien in regelmäßige Krümmungen erleichtern.

In welligem Gelände muß man sich hüten, die Standorte zu hoch oder zu tief zu legen, im ersten Falle fehlt Erde beim Ausbau, im letzten Falle bleibt solche übrig, beides verursacht Kosten, welche erspart bleiben, wenn die Meßlinien abwechselnd die Luft und die Erdoberfläche so durchschneiden, daß sich Ab- und Auftrag ausgleichen.

Gegenneigungen müssen in einem Wegzuge vermieden werden.

Im hügeligen Gelände ohne ausgesprochenes Gepräge, in welchem Erhebungen und Tieflagen unregelmäßig wechseln, kommt es jedoch vor, daß sich die Meßlinie derart im Gelände herumräckelt, daß man mit einem regelmäßigen Wegzug das Ziel nicht erreicht. In solchen Ausnahmefällen kann eine Weganlage mit Gegenneigungen für allein annehmbar erachtet werden.

In der Regel giebt man den Wegen, welche so rasch als thunlich bergab geführt werden sollen, den höchst zulässigen gleichen Neigungssatz.

Zu einem Neigungswechsel ist man genöthigt:

Wenn Hindernisse die Verbindung zweier Festpunkte mit gleichem Neigungssatze unmöglich machen. Ein Fall ist schon vorher besprochen, ein zweiter in Abschnitt 2 bei der Verbindung von Sattel „Hüttgeswasen" mit „Bahnhof Nonnweiler" behandelt. Es kann hier noch der Fall angedeutet werden, wenn der vorgesehene Neigungssatz streckenweise nicht im Gelände liegt. Man kann in einer Neigungslage von 4% keinen Weg mit 6% anlegen.

Schließlich kann die Ersparniß erheblicher Kosten einen Neigungswechsel rechtfertigen, wenn es sich darum handelt einem Felsen, einer Sumpfstelle u. s. w. etwas oder etwas mehr auszuweichen.

Neigungswechsel wendet man grundsätzlich an:

a) bei Wegen, auf welchen geladen bergauf gefahren werden muß, indem man nach oben den Neigungssatz nach und nach ermäßigt, oder wenn dies aus anderen Gründen nicht möglich ist, wenigstens in den Krümmungen die Neigung etwas mindert, um dem Zugvieh die Last zu erleichtern, denn jede Abweichung von der geraden Linie erfordert beim Lastfahren vermehrte Anstrengung.

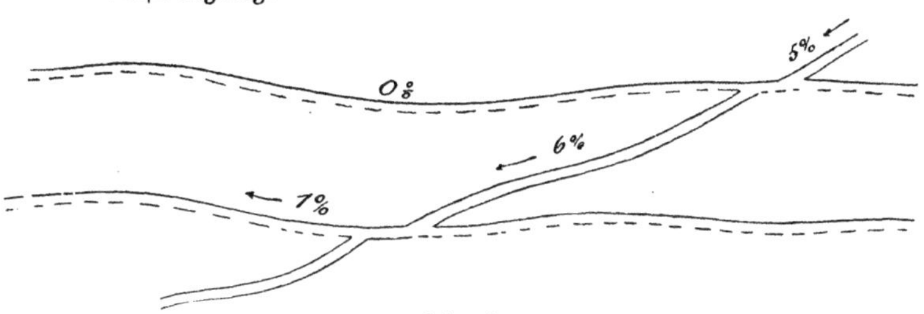

Fig. 6.

b) Bei Uebergängen über wasserführende Mulden und ständige Wasserläufe, wenn sie zur Anlage von Wasserbehälter, Stauungen und Teichen geeignet sind. Derartigen Dämmen giebt man 0%.

c) In allen Wegen mit Neigung (Grade Abfuhrwege) an den Stellen, wo sie andere Wege kreuzen oder aufnehmen, sieht man für Wendestellen und Wendeplatten ebene Strecken oder nur sehr schwach geneigte von 30 bis 50 m Länge vor.

Mit Vorsicht und Ueberlegung sind die Stellen für Wegeinmündungen und Kreuzungen zu wählen, damit der Ausbau von Wendestellen in möglichst flachen Strecken der Kostenersparniß halber ausgeführt werden kann.

Das schon zum Vortheil des Zugviehes empfohlene Einlegen ebener Strecken in mit Last befahrene Steigwege erhöht in den meisten Fällen die Gesammtsteigungen zu sehr. Ruheplätze mit 0 % bieten die Wendestellen zur Genüge.

Das Niederlegen der Wege der Ebene bei einer Geländeneigung von 1 bis 10 % geschieht zunächst auch mit dem Gefällmesser. Diese Absteckungen ergeben vielfach, namentlich in Dickungen bei kurzen Entfernungen der Standpunkte, Wegezüge, welche zu einer theilweisen Begradigung auffordern, weil die einzelnen Meßpunkte nur geringe Abweichungen von einer geraden Linie ergeben. Nach Beendigung eines solchen Wegezuges sucht man durch das sog. „Strecken" gerade Linien zu bilden, so lange die Standpunkte des Gefällmessers nur einige Meter von diesen abweichen. Wenn man diese Punkte mit Fluchtstäben besetzt, vollzieht sich das Strecken am leichtesten, im offenen Walde vollständiger als in Dickungen.

Die Wege mit den stärksten Neigungen, namentlich die Graden Abfuhrwege, welche mehrfach Wirthschaftswege überschreiten, werden zuletzt endgiltig festgelegt, damit an den Orten, wo Wendestellen vorzusehen sind, diese nicht vergessen werden. Am einfachsten vollzieht sich dieses Einschalten ebener Strecken beim Ueberschreiten von Nullwegen oder solchen mit geringer Neigung.

Erst zuletzt erfolgt das Aufmessen der abgesteckten Wege zwecks Eintragung in das Wegeverzeichniß des Verwaltungsbezirks.

Dieses muß so genau aufgestellt werden, daß nach den Einträgen jeder Weg wieder neu hergestellt, also auch Fehler im Bau darnach festgestellt werden können. In diesen Verzeichnissen muß der Anfang und das Ende jeden Weges beschrieben sein, die Maße von allen Neigungswechseln, Kreuzungen mit Wegen und Schneisen u. s. w. müssen, wie das im Anhang beigefügte Muster zeigt, eingetragen werden.

Am Schlusse jedes Wirthschaftsjahres wird der Fortschritt des Ausbaues nach Länge und Kostenbetrag vermerkt.

(Muster für den Vordruck des Wegeverzeichnisses ist im Anhang.)

II. Das Abstecken der Schneisen.

Zum Abstecken gerader Linien bedarf man 2 m lange, 2,5 cm im Durchmesser starke, runde und gerade Fluchtstäbe. Die eiserne Hülse der Fußspitze eines Stabes muß sehr genau gearbeitet werden, damit die Spitze der Hülse dem Mittelpunkt des eingesetzten Stabes genau entspricht. Der vom Rand der eisernen Hülse genau 2 m lange Holzstab wird in gleiche — 25 oder 50 cm lange — Theile abgelängt, die einzelnen Längen werden abwechselnd mit schwarzer und weißer, oder mit rother und weißer Oelfarbe angestrichen. Wenn man bei der Arbeit mit einem oben schwarz oder roth angestrichenen Stabe beginnt, dann muß man als zweiten Stab einen oben weißen wählen. Bei dem fortschreitenden Einrichten der Stäbe wechselt man deshalb mit den verschieden angestrichenen, damit die Mängel in der Deckung sich leichter und sicherer erkennen lassen. Die genaue Eintheilung der Stäbe in 25 cm oder 50 cm ersetzt für kurze Messungen die Kette oder die Meßlatte.

Die Stäbe läßt man am besten aus recht trockenen starken Nadelholzbohlen in der Weise fertigen, daß der in Quadratform hergestellte rauhe Stab genau in der Mitte durchgesägt und in entgegengesetzter Lage wieder zusammengeleimt wird. Dieser gut geleimte und trockene Stab wird zum zweitenmal, im rechten Winkel zum ersten Sägeschnitt, genau in der Mitte durchgesägt und abermals in entgegengesetzter Lage zusammengeleimt. Erst in ganz trockenem Zustande nimmt man die genaue Abrundung vor. Auf diese Art und Weise hergestellte Stäbe ziehen sich bei trockener und vorsichtiger Aufbewahrung nicht. Nach dem Gebrauche müssen die Stäbe stets fest zusammengebunden gelegt, nie gestellt werden.

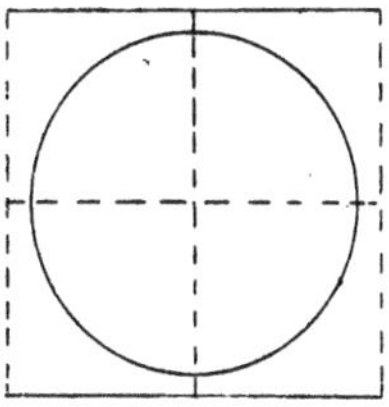

Fig. 7.

Um mit mangelhaften, geworfenen Stäben noch annehmbare Ergebnisse erzielen zu können, bestimmt man die noch einigermaßen geraden Seiten derselben, bezeichnet sie an der Oberkante mit einem Merkmal und beachtet dieses beim Gebrauch [1]).

Um lange Linien mit Stäben richtig abzustecken, bedient sich auch das beste Auge zweckdienlich eines einfachen kurzen Fernrohres. Im Gebirge eine gerade Linie auf größere Entfernungen mit Stäben genau abzustecken und diese Linie richtig zu messen, sind die zwei schwierigsten Aufgaben für den ausübenden Feldmesser.

---

1) Nur mit genau gearbeiteten Stäben kann man eine längere Linie richtig abstecken, sie sind aber eine Seltenheit, daher die ausführliche Anweisung zur Herstellung guter Stäbe.

Ist eine gerade Linie zwischen zwei versteinten Festpunkten abzustecken, wählt man zum Anfangspunkt den durch die augenblickliche Lichteinwirkung am genehmsten, ist nur ein Zielpunkt versteint, dann wird auf diesem mit dem Abstecken begonnen. Zwischen zwei nicht versteinten Punkten fängt man die Absteckung auf dem Punkte an, welcher festliegt, bezw. vorher festgelegt werden kann.

Bei kurzen Linien richtet man die Stäbe nach dem Ruf eines auf dem Zielpunkt aufgestellten Arbeiters ein, bei langen Linien bestimmt man auf den Karten (wenn sie hierzu genau genug sind) für den Anfangspunkt die Winkel und richtet örtlich die Linien mit einem Winkelmesser ein. Auf Grund der am Schluß der Absteckungen sich ergebenden Unterschiede, werden nach dem Ergebniß einer einfachen Berechnung an dem Anfangspunkte die Richtungen so lange berichtigt, bis die Linie entsprechend festliegt.

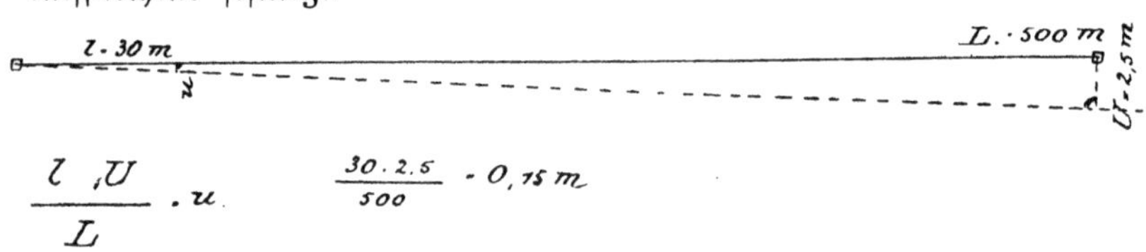

Fig. 8.

Zur örtlichen Bezeichnung des Verlaufes einer Linie wird ein 50 bis 60 cm langer Stand- oder Tagpfahl 10 cm vor dem Standpunkt des Stabes nach seiner Wegnahme festgeschlagen, der 15 bis 20 cm lange Erdpfahl, welcher die Stärke der Stäbe nicht erreichen soll, wird in das Loch des Stabes sofort leicht eingesetzt, damit für späteren Gebrauch der Linie das Loch, in welchem der Stab gestanden hat, nicht erweitert wird. Zur Absteckung längerer Linien nimmt man zweckmäßig 10 bis 12 Stäbe in Gebrauch, je mehr Stäbe man beim Weiterstecken stehen lassen kann, um so sicherer steckt man ab.

Wie die Schneisen, welche zum Festlegen der natürlichen Grenzen über Bergrücken, auch in Thalzügen geleitet werden, ist bereits (Abschnitt III. 3a und b) ausgeführt, ebenso (Abschnitt III. 5) daß da, wo sie als künstliche Trennungsmittel, besonders zur Theilung zu großer Flächen zu dienen haben, darauf zu halten ist, daß sie möglichst in der Lage des größten Gefälles angelegt werden.

Sind die Bergwände, welche sie theilen sollen, wellig ausgeformt, wenn also flache Mulden mit flachen Rücken wechseln, zieht man die Schneisen, den Erhebungen folgend, den Muldenlagen vor, sieht also darauf, daß der geringste, flachgründigste, feste Boden zu ihrer Anlage verbraucht wird.

Müssen bei unregelmäßiger Geländeausformung solche Schneisen ein- oder mehreremal gebrochen werden, dann legt man die Brechpunkte der Seitenlinie, wenn irgend thunlich, in die Nähe der Quertheilung, welche gewöhnlich durch Wirthschaftswege ausgeführt wird. Die Brechpunkte, welche in diesen Fällen durch Jagensteine bezeichnet werden, legt man dahin, wo sie hinsichtlich der Holzabfahrt die geschützteste Lage haben, möglichst oberhalb der Wegfläche.

Auf langen Bergrücken, welche beiderseits bewaldet sind, achtet man darauf, daß die beiderseits zu Thal führenden Schneisen in den Rückenlinien bezw. in der Steinlinie der Rückenschneise, möglichst von einem gemeinschaftlichen Punkte abgehen; man verhindert dadurch das sog. Mauern, welches auf den Höhen beim Abtrieb der Bestände Sturmbeschädigungen veranlassen kann. In den Thälern ist eine Zu-

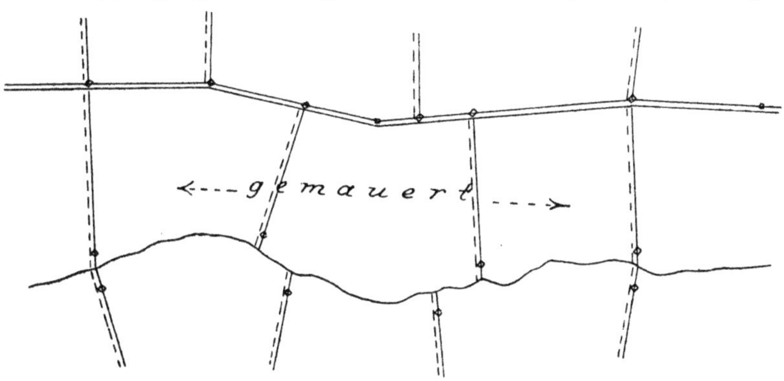

Fig. 9.

sammenführung beiderseitiger Schneisen oft schwieriger zu bewerkstelligen, weil sie gewöhnlich Linien ungleicher Gebilde sind. Die Nichtbeachtung gedachter Regel birgt in geschützten Thalzügen auch weniger Gefahr in sich, das Mauern darf hier nur als ein Schönheitsfehler auf der Karte erachtet werden.

Bei der Anlage von Schneisen oder Gestellen handelt es sich um die örtliche Bestimmung und Festlegung von Grenzen der inneren Eintheilung. Die Fläche einer Schneise kann als Grenze nicht dienen, man wählt daher zweckentsprechend, eine Seitenlinie der Schneise zur Grenzbestimmung. Die gedachte Mittelinie zu wählen, wie es z. B. in Preußen noch Vorschrift ist, hat deshalb keine Berechtigung, weil diese örtlich nicht sichtbar ist, auch nicht dauernd mit Grenzzeichen versehen werden kann. Bei jeder einseitigen Erbreiterung der Schneise wird die ursprüngliche Grenze wieder hinfällig und mit beiderseitigem gleichbreitem Aufhieb wird noch größerer Uebelstand durch Entfernung beider Waldmäntel herbeigeführt.

Als die unantastbarste Grenze wird diejenige der beiden Seitenlinie einer Schneise erachtet werden müssen, welche den wichtigsten Rand der beiden angrenzenden Waldbestände unmittelbar begrenzt, und das ist unzweifelhaft der, welcher der herrschenden Windrichtung am meisten ausgesetzt ist. Je nach der Himmelslage der Schneisen sind es die nördlichen oder östlichen und nordöstlichen oder südöstlichen Seitenlinien, welche bei meinen Eintheilungen überall als Eintheilungsgrenzen gewählt, in welche auch alle Steinmale eingesetzt wurden und deshalb allgemein als „Steinlinien" bezeichnet werden. In zweifelhaften Fällen ist bei der Wahl dieser Steinlinien die örtliche Erfahrung maßgebend und zu beachten, daß im Gebirge innerhalb der Geländeausformungen durch die Höhenlage einzelner Bergformen für gewisse Oertlichkeiten die Sturmrichtung erheblich beeinflußt wird.

Bei der örtlichen Absteckung wird, wenn irgend möglich, die Steinlinie abgesteckt, nur in einzelnen Fällen z. B. in beibehaltenen alten Schneisen steckt man, zwecks Schonung der Wald-Bemantelung die Linie mitten durch die offene Schneise und bestimmt die Steinpunkte, und damit die Steinlinie selbst, durch sehr genaues seitliches Ablegen. Sobald eine Steinlinie festliegt, also nach der endgiltigen Absteckung, bestimmt man die Punkte, welche dauernd mit Steinmalen zu versehen sind. Es gehören hierzu, neben den Punkten für die Jagensteine, alle Brechpunkte der geraden Linien, in letzteren die Brechpunkte der Geländeneigung, wenn sie die Sehlinie von einem Punkt zum anderen verdecken. Die sog. Läufer zieht man außer dem gedachten Fall noch ein, wenn sie in einer langen geraden Linie zur unzweifelhaften Beurtheilung des Grenzzuges noch nöthig oder erwünscht sind. In einer langen geraden Linie sollte man im Walde alle 100 bis 150 Meter wieder ein Steinmal finden.

Durch gleichzeitige Benutzung von Gelände-Brechpunkten zu Brechpunkten gerader Linie kann man Steinmale einsparen. Alle zu versteinenden Punkte sind sorgfältig auszuwählen, damit man von einem Punkt zum anderen sehen und den Grenzzug unzweifelhaft bestimmen kann, dann aber auch, damit die Steine einen geschützten Stand erhalten

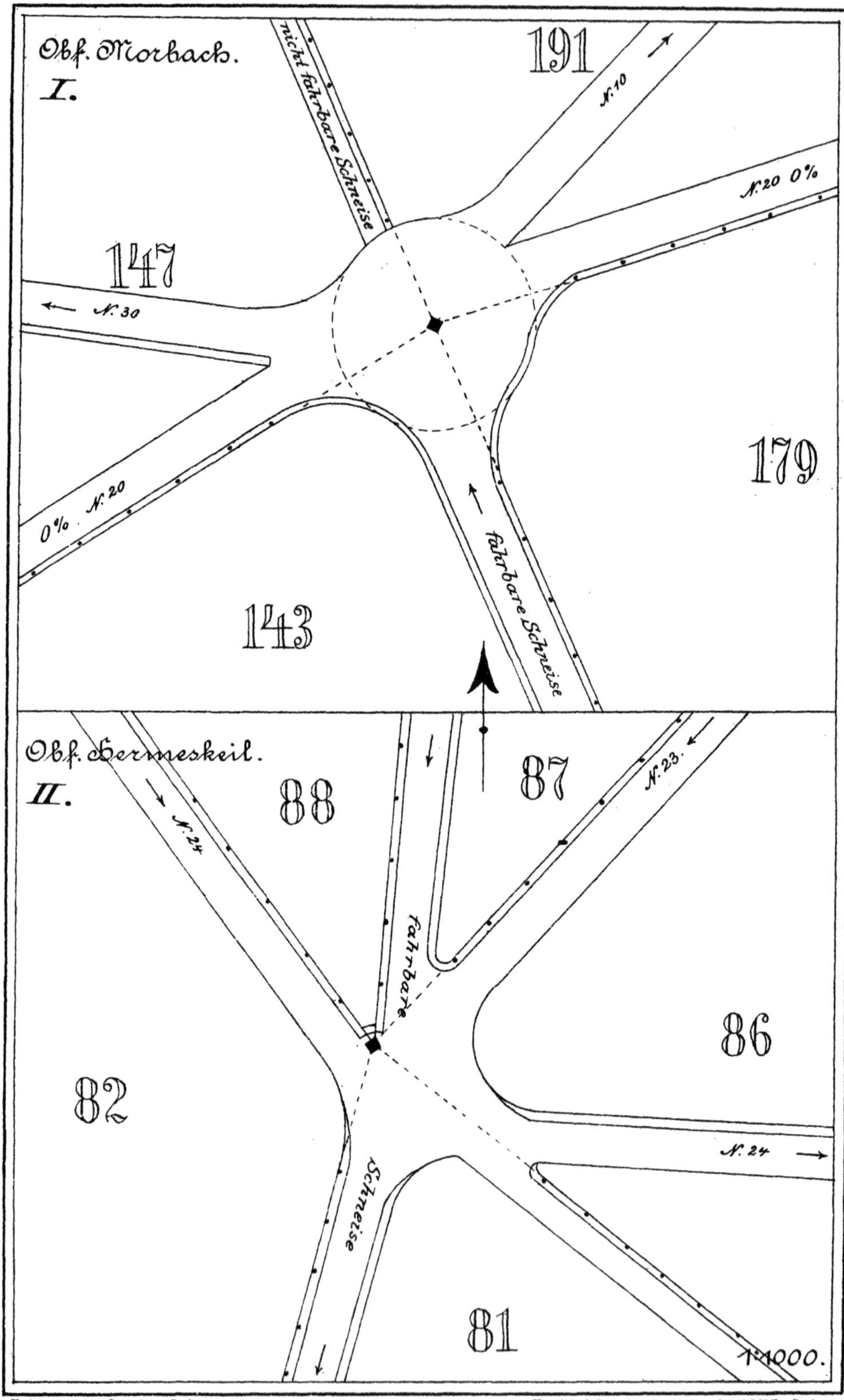

Verlag von Julius Springer in Berlin. Photolith. d. geogr.-lith. Anst. u. Steindr. v. C. L. Keller, Berlin S.

und ihre Erhaltung schon dadurch gesichert wird. Sie müssen auch zu Messungen aller Art als Anhaltspunkte dienen können.

Die künstliche Schneise dient hauptsächlich zur Zerlegung großer Flächen, es ist bei ihrer Anwendung stets vom Großen ins Kleinen fortzuschreiten, zunächst sind größere Flächen so zu theilen, daß die Trennungslinie auch vorhandene Unterschiede im Standort richtig scheiden, z. B. den Südhang vom Osthang u. s. w. trennen. Eine solche Linie ist dann eine gegebene, und beim ferneren Zerlegen ist, falls nicht ähnliche Linien, wie die seitlich dargestellte, noch Standortsgrenzen zu scheiden haben, nur die angemessene Größe der zu bildenden Abtheilungen maßgebend.

Ehe man mit der endgiltigen Absteckung einer Schneisenlinie beginnt, ist der Abgangspunkt genau zu bestimmen. An allen Orten, wo mehrere Wege und Schneisen beginnen oder enden sollen, z. B. in Einsattelungen, auf Kreuzungen von Wegen und Schneisen u. s. w. werden die abzusteckenden Weg- und Schneisenlinien am zweckmäßigsten von einem gemeinschaftlichen Punkte aus abgesteckt, welcher mit einem Stein zu besetzen ist und so bestimmt werden muß, daß nach dem Ausbau der Wege, Schneisen, Wegkrümmungen, Wendeplatten und Drehstellen der Stein einen sicheren Stand hat.

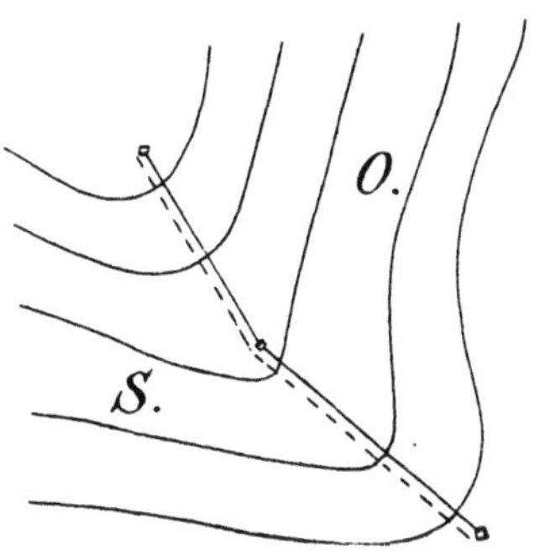

Fig. 10.

Einige bildliche Darstellungen werden die verschiedenen Verfahren am besten erläutern:

In der Steinlinie der neuen geraden Schneisen zwischen den Abtheilungen $\frac{147 \mid 191}{143 \mid 179}$ — ehe diese unfahrbar wird — (Tafel 3 Zeichnung I) ist ein Punkt bestimmt worden, von welchem aus zwei Wirthschaftswege (Nr. 20) ohne Steigung in die rechts und links liegenden Sättel „Stipshauserweg“ und „Grauekreuz“ geführt worden sind, wodurch beiderseits für eine günstige Holzverbringung über die Höhe des I. Hauptrückens gesorgt ist. Gleichzeitig sind von demselben Punkt zwei Grade Abfuhrwege (Nr. 10 und 30) nach zwei verschiedenen Richtungen zu Thal geleitet. Auf den gemeinschaftlichen Abgangspunkt dieser Wege ist hier der Jagenstein gesetzt. Durch die Anlage einer Wendeplatte (von 30 m Durchmesser) rund um diesen Stein ist mit dem geringsten Flächenverbrauch ungehinderte Holzabfahrt nach allen Richtungen bei einem Krümmungshalbmesser von 15 m gesorgt worden.

In der Steinlinie der alten beibehaltenen Schneise zwischen den Abtheilungen $\frac{86}{81}$ Zeichnung II wurde der geeignetste Punkt für die Zusammenführung von 2 Schneisen und 2 Wegen ermittelt. Hier genügte die Abrundung der Abtheilung 86 mit einem Krümmungshalbmesser von 15 m, weil nur die Abfuhrrichtung auf Weg Nr. 25 in Frage kommt. Der gemeinschaftliche Abgangspunkt wurde mit einem fünfseitigen Jagenstein besetzt, welcher vollständig geschützt steht. Der Weg Nr. 24 wurde nicht auf den gedachten Punkt, sondern in die Schneise geführt, um die Abrundung der Abtheilung 86 zu erleichtern.

Tafel 4 Zeichnung I stellt den flachen Sattel „Buchholz" dar. Die alte Schneise zwischen den Abtheilungen $\frac{127}{139}$ konnte beibehalten werden, der Schnittpunkt ihrer Steinlinie mit der Steinlinie des Weges Nr. 5 wurde für den Jagenstein bestimmt und die Linie der Graden Abfuhrwege Nr. 21 und 37 von diesem Punkt aus abgesteckt. In flachen Sätteln ist es vielfach angezeigt die Anfänge der Wege zu theilen und soweit auseinanderzuziehen, als die Sattellinie eben oder nahezu eben verläuft. Die Anfänge der beiden Graden Abfuhrwege Nr. 5 und 7 des W.-V. sind dahin gelegt, wo die aufsteigende Sattellinie zu steigen beginnt. Es werden hierdurch die Spitzen der Abtheilungen verringert, welche im Gebirge in engen Sätteln nicht zu vermeiden sind, wenn eine größere Zahl von Wegen und Schneisen durch diese geführt werden muß. Je länger die ebene Sattellinie ist, umsomehr wird auch an Weglänge gespart.

Durch den engen Sattel „Dhronecker Jagdhaus" (Zeichnung II) gingen schon vor der neuen Eintheilung, von allen Himmelsrichtungen kommend eine große Zahl alter Wege und Pfade, die Lage und Verlauf der meisten konnte aber in der damaligen Gestaltung nicht beibehalten werden. Nur die den Sattel als Rückenlinie durchziehende alte Pfaffenstraße Nr. 5 und der Weg Nr. 19 lagen günstig, zwischen ihnen wurde ein Punkt bestimmt, von dem aus die Mittelinie aller neuen Wegrichtungen abgesteckt wurden, welcher aber mit einem Jagenstein nicht besetzt werden kann. Von gedachtem Punkt bis zum Jagdhaus sind 48 m, mit diesem Halbmesser wurde ein Kreis beschrieben, welcher die Holzbodenfläche von der des Nichtholzbodens trennen soll. Es fallen die durch Wege geschaffenen Abtheilungsspitzen weg und die

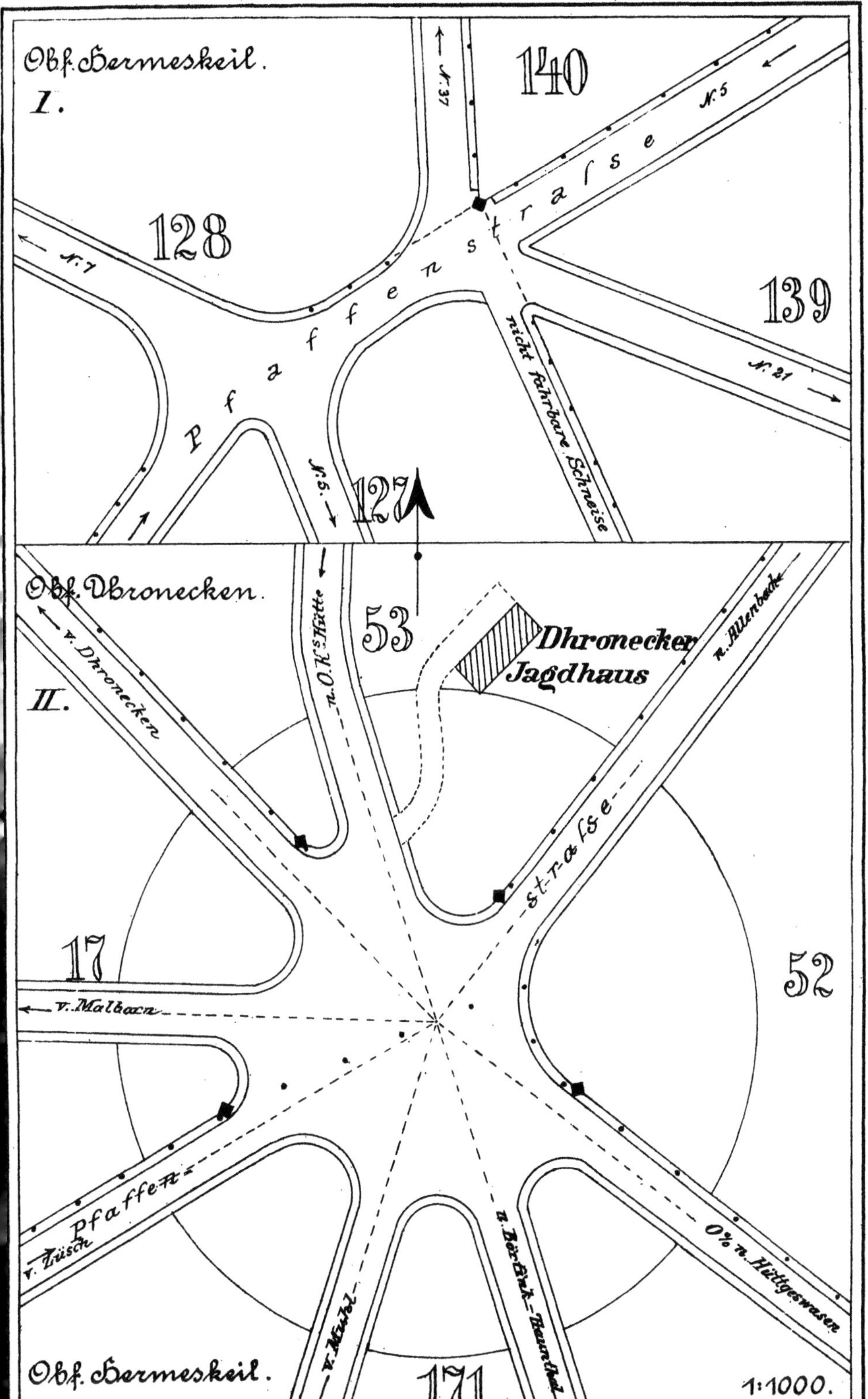

Verlag von Julius Springer in Berlin. Photolith d. geogr.-lith Anst. u. Steindr. v. C. L. Keller, Berlin S.

holzleere Fläche innerhalb des Kreises kann den verschiedensten Zwecken dienen.

Sind durch Höhenrandwege ausgeschiedene Bergebenen so ausgedehnt, daß sie in kleinere Flächen zerlegt werden müssen, dann führt man die Schneisen an die Punkte, an denen die Graden Abfuhrwege den Höhenrandweg erreichen. Wird eine oder die andere Schneise nicht fahrbar, dann ersetzt man sie durch Wege.

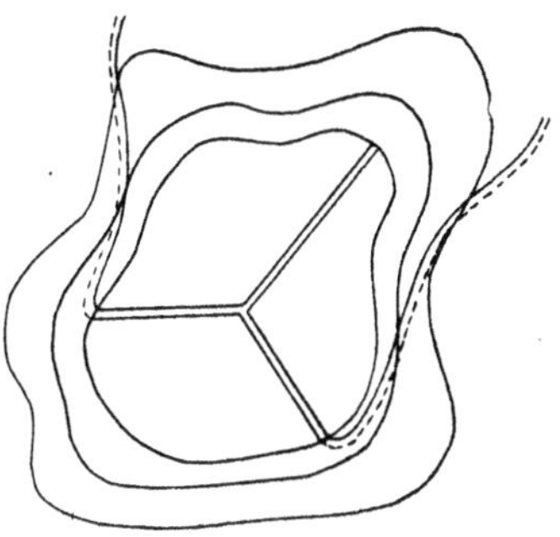

Fig. 11.

An Festpunkte der europäischen Gradmessung und der Landesvermessungen schließt man, wenn irgend ausführbar, an. Kann man von solchen Punkten Strahlen auf Nachbarpunkte durch Benutzung derselben zu Schneisen oder Weganfängen stets offen halten, dann kann man spätere, vielleicht unangenehme Auflichtungen verhindern. Kann überhaupt durch vorhandene Festpunkte, auch Grenzpunkte, ein neuer erspart werden, so ist es nicht zu versäumen.

Bei der Ausführung einer Eintheilung die Reihenfolge der Arbeiten genau zu bestimmen, ist nicht empfehlenswerth, man verwendet einen Gehilfen vielleicht lieber zum Abstecken schwieriger Schneisen, den anderen lieber zu Wegabsteckungen. Die verschiedenen Arbeiten können vielfach zu gleicher Zeit begonnen werden, sie unterliegen selbst bei vorsichtiger Ausführung in der Wirklichkeit manchen Abänderungen und Verbesserungen, aber darauf ist als Regel zu halten, zuerst die Eintheilungswege abschließend festzulegen und zuletzt die entgiltige Absteckung der Schneisen auszuführen, weil dann erst die verschiedenen Steinpunkte mit Sicherheit bestimmt werden können.

12. Die Wegnetzlegung und wirthschaftliche Eintheilung eines Bergkopfes.

Der Arbeitsgang im einzelnen wird am deutlichsten und ausführlichsten an einigen Beispielen gezeigt, am zweckmäßigsten zunächst an der einfachen Form eines Bergkopfes.

Die Zeichnung auf Tafel 5 stellt einen Bergkopf im Maßstab 1 : 25000 dar, welchen die Höhenschichtenlinie von 480 m an seinem

Fuße abgrenzt; der Abstand dieser Linien beträgt 20 m, die letzte mit 620 m umgrenzt eine Bergebene. Die Mantelfläche des Berges hat einen Unterschied in der Höhenlage von (620—480) 140 m. Die wagerechte Entfernung der ersten Schichtenlinie (480 m) von der letzten (620 m) beträgt durchschnittlich 810 m, demnach hat die Mantelfläche eine durchschnittliche Neigungslage von $\left(\frac{140.100}{810}\right)$ 17,3 %. Die steilste Stelle im Abhang zwischen den Abtheilungen $\frac{6.3}{4.2} = 660$ m hat durchschnittlich $\left(\frac{140.100}{660}\right)$ 21 %, die flachste in Abtheilung 9 = 1140 m hat $\left(\frac{140.100}{1140}\right)$ 12 % Neigungslage. Die Flächengröße berechnet sich zu 378 ha. Der Holzabsatz erfolgt nach zwei entgegengesetzten Richtungen.

Zuerst sind die Hauptwege und die Graden Abfuhrwege zu bestimmen. Nur letztere kommen hier in Betracht. Als Ausgangspunkte werden A^1 und A^2 örtlich festgelegt, von da aus sind die öffentlichen Wege am günstigsten zu erreichen. Die untere Höhenschichtenlinie (480 m), welche die Bergbildung sichtlich abgrenzt und die oberste (620 m), welche die Bergebene einschließt, sind durch die starken Brechpunkte der Neigungslage gekennzeichnet. Außer diesen sind natürliche Grenzen nicht vorhanden.

Es ist anzunehmen, daß die Standortsgüte mit der Erhebung abnimmt, daher ist schon deshalb eine Abgrenzung der Abtheilungen von unten bis zur ganzen Höhe nicht angezeigt, aber die wagerechte Ausdehnung von 660 bis 1140 m und der Umstand, daß die künstlichen Schneisen nicht fahrbar werden, schließen auch eine solche Theilung aus und weisen auf eine wagerechte Theilung der Mantelfläche durch Wege hin. Für die Graden Abfuhrwege bei A^1 und A^2 beginnend, welche die Walderzeugnisse auf kürzestem Weg vom Berg herabbringen sollen, werden 6 % als die angemessenste Neigung erachtet und mit $\left(\frac{20.100}{6}\right)$ 333 m im Zirkel von einer Schichtenlinie zur anderen vorläufig auf die Karte getragen, von A^1 um die Ostseite Nr. 1, von A^2 um die Westseite herum Nr. 2 bis zur obersten Schichtenlinie (620 m). Hierauf ist die Bergebene mit einem Höhenrandweg in der Lage der obersten Schichtenlinie abzugrenzen und in gleicher Weise wird in der Lage der untersten Schichtenlinie (480 m) der Randweg abgesteckt.

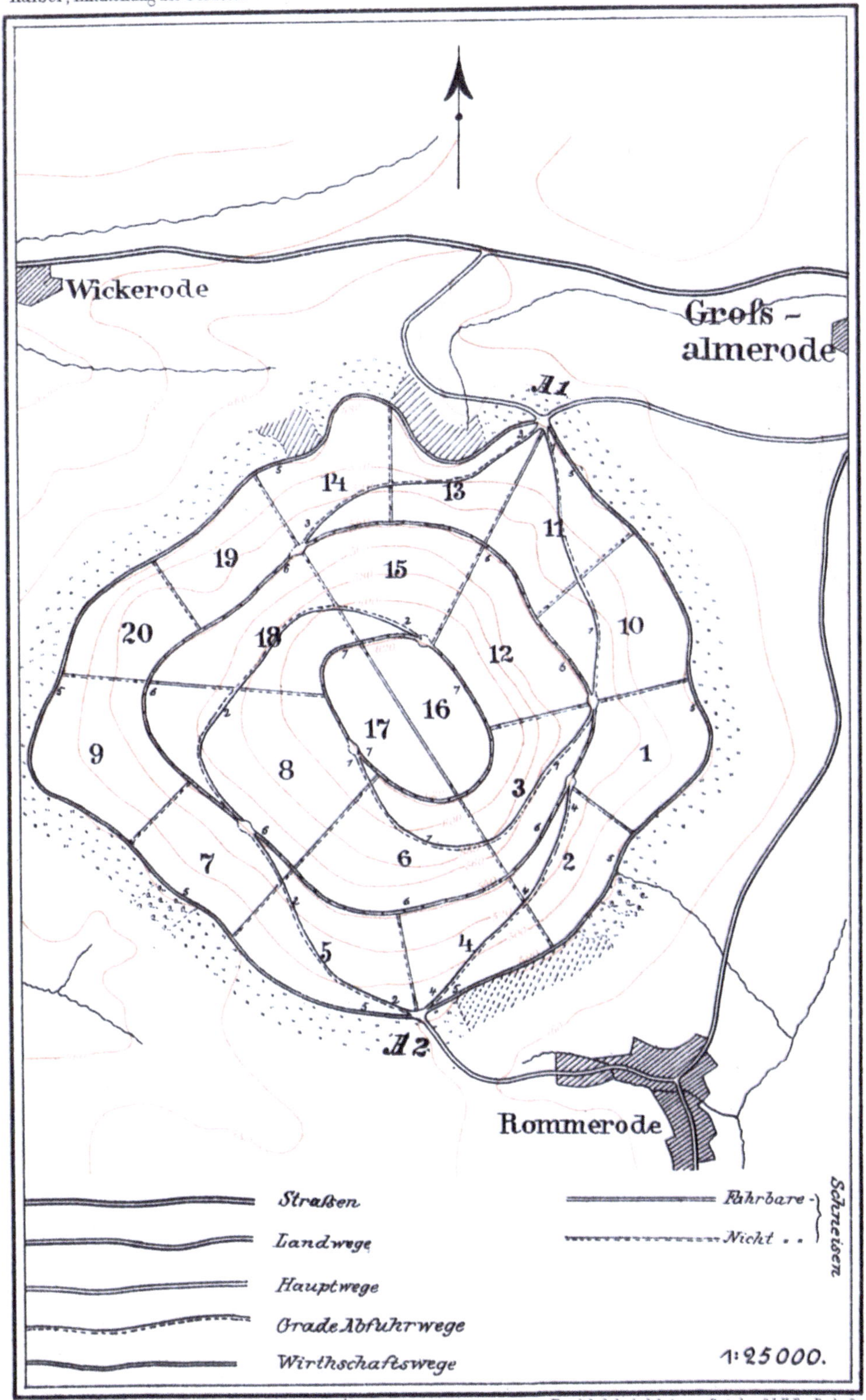

Verlag von Julius Springer in Berlin Photolith d. geogr-lith. Anst. u. Steindr. v. C. L. Keller, Berlin S.

Die zwischen beiden Wegen liegende Mantelfläche ist nun wagerecht zu theilen. Diese Aufgabe ist für die wirthschaftliche Eintheilung der vorliegenden Bergbildung die wichtigste. Bei einer Zweitheilung, mit einem Eintheilungsweg etwa in der Mitte, ergiebt sich für die Abtheilungen eine Höhe zwischen 330 bis 570 m, bei einer Dreitheilung, Tafel 6, mit zwei Eintheilungswegen etwa in $^1/_3$ und $^2/_3$ der Höhe, werden sie 220 bis 380 m hoch. Falls die Dreitheilung zum Aufschluß — auch mit Rücksicht auf die Durchforstungen — vollständig genügend sein sollte, dann wäre die Zweitheilung ein Fehler, denn bei ihr würde noch je ein Wirthschaftsweg in jede der beiden Abtheilungen eingelegt werden müssen, welche bei einer Abtheilungshöhe von 330 bis 570 m und einer Neigungslage von 12 bis 21 % zum genügenden Aufschluß nicht entbehrt werden können, es müßten dann drei Ringwege statt zwei in die lehne Bergwand gelegt werden.

Weil aus den vorher beregten Gründen eine wagerechte Theilung durch Wege angezeigt ist, genügen die beiden Geraden Abfuhrwege Nr. 1 und 2 an den zwei Ausgängen A^1 und A^2 nicht. Um weite Umwege auf den ebenen Wirthschaftswegen zu vermeiden, sind zu denselben noch zwei Gerade Abfuhrwege bei A^1 Nr. 3 um die Westseite, bei A^2 Nr. 4 um die Ostseite zu führen. Beide Wege brauchen nur bis zum ersten Eintheilungsweg Nr. 6 geleitet zu werden.

Die bildliche Darstellung der Zwei- und Dreitheilung ist nöthig, um den beiderseitigen Aufwand an Wegen und Schneisen zur Vergleichung und Erwägung festzustellen.

Bei der Zweitheilung durch einen Ring- oder Eintheilungsweg in der Mitte der Bergwand, etwa in der Lage der Höhenschichtenlinie von 540 m, wie die Zeichnung auf Tafel 5 sie darstellt, ergeben sich:

a) Wege: Zwei Grade Abfuhrwege von A^1 und A^2 (Nr. 1 und 2) mit 6 % abgehend, in 7 Schichten zu 333 m rund . =	2 330 m 2 330 „	
Zwei desgleichen auf denselben Punkten in entgegengesetzter Richtung abgehend bis zum Ringweg (Nr. 3 und 4) in drei Schichten zu 333 m, rund . =	1 000 m 1 000 „	
		6 660 m 6 %
Der Randweg am Fuße des Berges in der Schichtenlinie von 480 m mit 0 %, Nr. 5 . . . . =	7 200 m	

	Uebertrag	7 200 m	
Der Höhenrandweg in der Schichtenlinie von 620 m mit 0 % Nr. 7	=	1 900 m	
Der Ringweg in der Schichtenlinie von 540 m mit 0 % Nr. 6 . .	=	4 600 „	
			13 700 m zu %
	Sa.	20 360 m	
b) Sechs Schneisen bis zum Höhenrandweg 660 . 770 . 900 . 740 . 1000 . 820	=	4 890 m	
Sechs desgleichen bis zum Ringweg 280 . 470 . 420 . 300 . 300 . 370 m	=	2 140 „	
Die Schneise, welche die Bergebene theilt	=	650 „	
	Sa.	7 680 m	

Rechnet man für 1 m Weg und Schneise = 5 qm Holzbodenverlust, dann berechnet sich dieser bei (20 360 + 7680) 28 040 m Wege und Schneisen zu (28 040 . 5) 14,02 ha oder $\left(\frac{14,02 \, . \, 100}{378}\right)$ 3,69 %.

Zu Abtheilungsgrenzen sind benutzt 13 700 m Wege oder $\left(\frac{13\,700 \, . \, 100}{20\,360}\right)$ 67 %.

Es ergaben sich bei dieser Eintheilung 20 Abtheilungen mit folgenden Größen:

1	18,5 ha	11	18,5 ha
2	15,0 „	12	20,0 „
3	16,5 „	13	15,0 „
4	16,0 „	14	18,0 „
5	22,5 „	15	20,5 „
6	25,0 „	16	13,0 „
7	16,5 „	17	13,5 „
8	35,0 „	18	21,0 „
9	23,0 „	19	15,0 „
10	21,5 „	20	13,5 „
	209,5 ha		168,5 ha
			209,5 „

Sa. 378,0 ha im Mittel 16,9 ha (13 bis 35 ha).

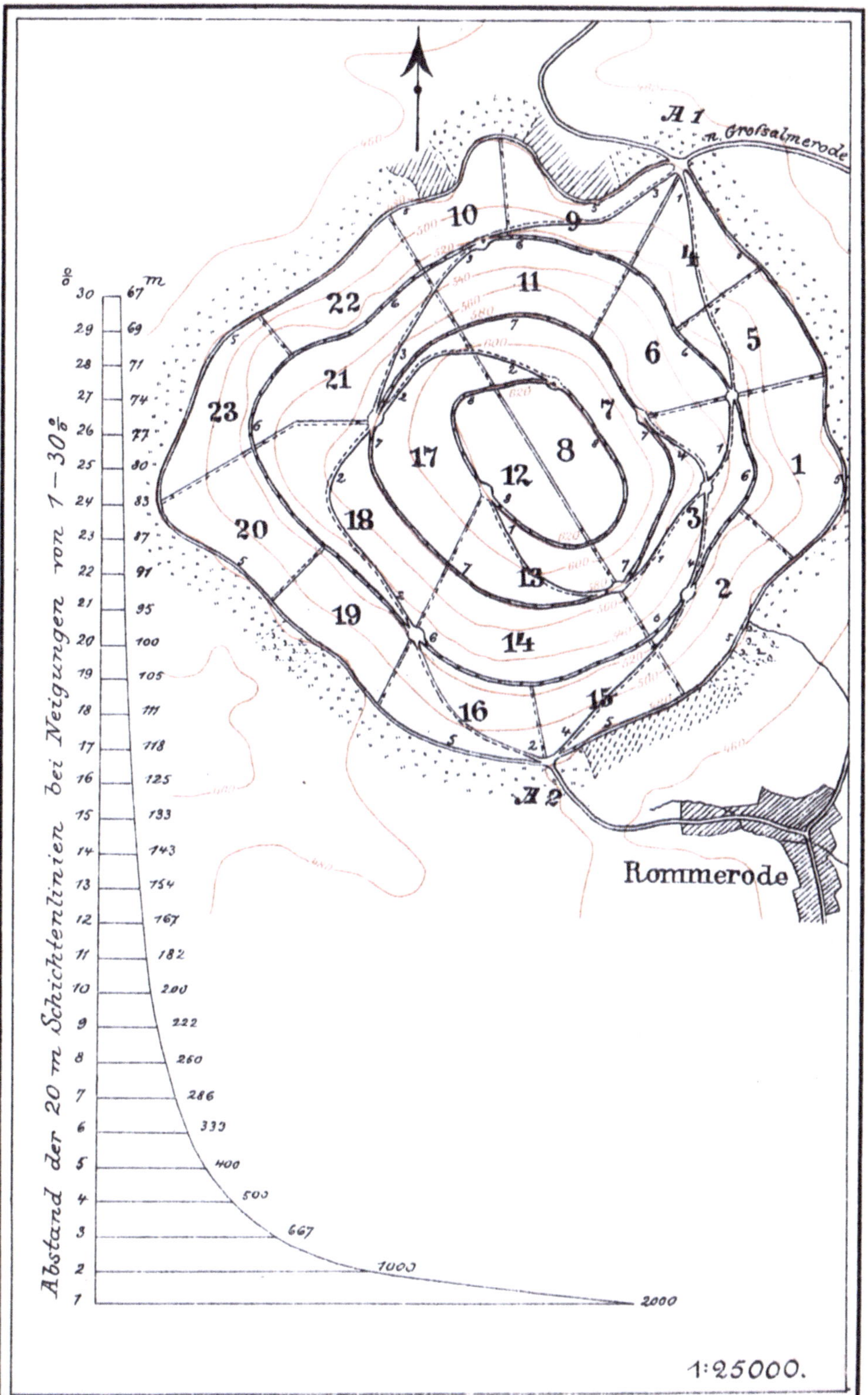

Verlag von Julius Springer in Berlin
Photolith. d. geogr.-lith. Anst. u. Steindr. v. C. L. Keller, Berlin S.

Bei einer Dreitheilung durch zwei Ringwege, der untere etwa 6 Höhenmeter oberhalb der Schichtenlinie von 520 m, der obere in der Schichtenlinie von 580 m, ergeben sich nach der Zeichnung auf Tafel 6:

a) Wege. Zwei Grade Abfuhrwege, genau wie bei der Zweitheilung. Nr. 1 und 2 mit 6% . . . . =	4 660 m	
Zwei desgleichen . Nr. 3 und 4 bis zum oberen Ringweg in der Schichtenlinie 580 m je 5 Schichten zu 333 m	3 330 „	
		7 990 m zu 6%
Der Randweg Nr. 5, genau wie bei der Zweitheilung . . . . . =	7 200 „	
Der Höhenrandweg Nr. 8, desgl. =	1 900 „	
Der obere Ringweg Nr. 7 . . =	3 240 „	
Der untere Ringweg Nr. 6 . . =	5 260 „	
		17 600 m zu 0%
	Sa. 25 590 m	
b) Schneisen. Die durchgehende Schneise =	2 040 „	
Eine bis zum Höhenrandweg . =	830 „	
Drei Schneisen bis zum oberen Ringweg 670 . 670 . 850 m . . . =	2 190 „	
Sechs Schneisen bis zum unteren Ringweg 260 . 260 . 380 . 320 . 190 . 270 m . . . . =	1 680 „	
	Sa. 6 740 m	

Der Holzbodenverlust berechnet sich zu (25 590 + 6 740) 32 330 . 5 $= 16{,}165$ ha oder $\left(\frac{16165 . 100}{378}\right)$ 4,3 %.

Zu Abtheilungsgrenzen sind benutzt 17 600 Wege $\left(\frac{17600 . 100}{25590}\right)$ 69 %.

Bei der Dreitheilung ergaben sich 23 Abtheilungen mit folgenden Größen:

1	19,0 ha	13	15,0 ha
2	14,0 „	14	21,0 „
3	21,0 „	15	13,0 „
4	12,5 „	16	16,0 „
5	14,0 „	17	23,0 „
6	13,0 „	18	25,5 „
7	23,0 „	19	14,0 „
8	13,0 „	20	16,0 „
9	14,0 „	21	19,5 „
10	11,5 „	22	13,0 „
11	19,0 „	23	14,5 „
12	13,5 „		190,5 ha
	187,5 ha		187,5 „
			378,0 ha im Mittel 16,4 ha (11,5 bis 25,5 ha).

Für die dargestellte Zweitheilung wurde bereits darauf hingewiesen, daß der Eintheilungsweg in der Mitte der Bergwand für einen vollständigen Aufschluß der Waldflächen nicht genügen wird, vielmehr in die beiden Hälften der Bergwand noch je ein Wirthschafts-(Durchforstungs-)Weg eingelegt werden müsse. Die Ausdehnung der Eintheilungs- und Wirthschaftswege würde sich dadurch um 9200 m, von 13 700 m auf 22 900 m, der Höhenbodenverlust um 1,2 %, von 3,69 % auf 4,89 % erhöhen.

Ein großer Vortheil erwächst daraus, wenn eine Waldfläche nach wenigen Richtungen aufzuschließen ist. Genügte z. B. für die vorliegende Fläche nur eine Ausfahrt bei A_1 oder A_2, dann würden sowohl bei der Zwei- als Dreitheilung je 4000 m Weglänge an Graden Abfuhrwegen erspart werden können, der Holzbodenverlust würde sich bei jeder Theilung um 0,53 % vermindern, was um so beachtenswerther ist, weil es sich um Grade Abfuhrwege handelt, welche im Ausbau und in der Unterhaltung die größten Kosten verursachen[1]).

Die Unterschiede der verschiedenen Ausführungen lassen sich am besten aus einer kurzen Zusammenstellung ersehen und beurtheilen: (Siehe Tabelle auf Seite 87.)

Bei der günstigsten Aneinanderreihung 16 ha großer Abtheilungen von 400 m Länge und Breite in gleichseitiger Rechteckform berechnen

---

[1]) Wird später noch besprochen beim Ausbau.

	Zweitheilung mit 20 Abtheilungen und 16,9 ha durchschn. Flächengröße				Dreitheilung, 23 Abtheil., 16,4 ha d. Größe	
	1 Absatzrichtung		2 Absatzrichtungen		1 Absatzrichtung	2 Absatzrichtungen
	1 Eintheilungsweg				2 Eintheilungswege	
		2 Wirthschaftswege		2 Wirthschaftswege		
Holzbodenverlust an:	%	%	%	%	%	%
Graben Abfuhrwegen	0,44	0,53	0,88	1,06	0,53	1,06
Wirthschaftswege . .	1,81	3,00	1,81	3,00	2,32	2,32
Schneisen	1,00	1,00	1,00	1,00	0,90	0,90
Summa	3,25	4,53	3,69	5,06	3,75	4,28
			(Tafel 5)			(Tafel 6)

sich bei derselben Annahme, daß auf 1 Längemeter Weg und Schneise 5 qm Holzbodenverlust kommen, 2,47 %. (Jageneintheilung.)

Die Unterschiede der Abtheilungsgrößen sind bei den zwei verschiedenen Eintheilungen ein und derselben Fläche, obschon sie im Durchschnitte (16,9 und 16,4 ha) nahezu gleich sind, doch sehr verschieden. Bei der I. Theilung Tafel 5 beträgt der Unterschied der kleinsten und größten Fläche (13—35 ha) 22 ha, bei der II. Theilung Tafel 6 (11—25 ha) nur 14 ha. Wollte man die einzelnen Flächen der Abtheilungen ziemlich gleich gestalten, dann würde man in beiden Fällen Zerrbilder schaffen. Es beweist daß man bestimmte Flächengrößen nicht vorschreiben soll, sie ergeben sich nach den örtlichen Verhältnissen.

Bei der Zahl der Abtheilungen in Beispiel I = 20, in II = 23 ist der Trennung nach der Himmelslage bei Theilung I mehr Rechnung getragen als bei II, denn es ist fraglich, ob bei der Theilung II die Abtheilungen 7 und 17 wegen dieser Unterschiede nicht besser in je 2, oder beide zusammen in 3 Theile zu zerlegen sind, was ohne Mißstände zu schaffen geschehen kann.

Will man die Häufung von Wegen z. B. in den Abtheilungen 1, 2, 3, beider Beispiele vermeiden, dann kann es nur durch den Aufschluß des Berges nach einer Richtung geschehen, was je nach den

Absatzverhältnissen vielleicht ohne Schädigung des Waldertrages zulässig ist. Der Vorzug des geplanten Wegenetzes, daß alles Holz nur auf ebenen oder Fallwegen aus dem Walde gebracht wird, würde durch den Wegfall der Hälfte der Graden Abfuhrwege keine Einbuße erleiden.

Die Vorschrift in Preußen mit der Nummerirung der Abtheilungen oder Jagen im Südosten zu beginnen und mit der Nummerfolge nach Westen und Norden fortzuschreiten, führt im Gebirge oft zu Unsicherheiten. Hier fängt man zweckmäßig an dem passendsten Punkt im Osten an und schreitet in regelrechter Hiebsrichtung nach Westen fort. Auf Meinungsverschiedenheiten nach dieser Richtung ist im Einzelfalle großes Gewicht nicht zu legen. Die Nummerfolge in den zwei Beispielen ist nach letzteren Grundsätzen ausgeführt.

12. Eintheilung einer ziemlich regelmäßig ausgeformten Bergwand.

Obschon bei Leitung der Hauptwege ihre Tauglichkeit zur Abgrenzung nicht in Frage kommen soll, vielmehr die geeignetste Verbindung der wichtigsten Verkehrspunkte ihr vornehmstes Ziel ist, werden sie doch, je geringer ihre Neigung ist, um so öfter zur Abgrenzung der inneren Eintheilung benutzt werden, bei größeren zusammenhängenden Waldungen sogar häufig als bestimmende Eintheilungslinien dienen können.

Die beiden, die Oberförsterei Morbach durchziehenden Hauptwege („c und l“ Abschnitt II. Nr. 23 und 6 d. W. V.), die Verbindung des Sattels O.K.'s-Hütte auf der Nordwestseite des Abhanges vom Idarwald mit dem Quersattel „Zolleich“, sind nahezu in ihrer ganzen Länge Abtheilungsgrenzen.

Die Zeichnung auf Tafel 7 giebt das Bild von der Eintheilung des Schutzbezirks „Horbruch“, einer unterhalb des Idarkopfes nach Norden und Nordwesten abfallenden, ziemlich regelmäßig ausgeformten Bergwand, welche nordwestlich vom Idarkopf eine Neigung von 17%, nordöstlich von 10% hat, in Uebrigen sich in ihren tieferen Lagen bis 8% verflacht. Die Grenzen des Staatswaldes verlaufen durch das Einschneiden von Gemeindewald etwas unregelmäßig. Des beiderseitigen Vortheiles halber wurden s. Zt. die Gemeindewaldungen gleichzeitig mitbearbeitet.

Der bereits erwähnte Hauptweg „l = (Nr. 6 d. W.-V.), welcher von der künftigen Holzladestelle im Sattel Zolleich ausgeht, durchzieht die Bergwand ziemlich in ihrer Mitte, er ist nicht allein für die Ein-

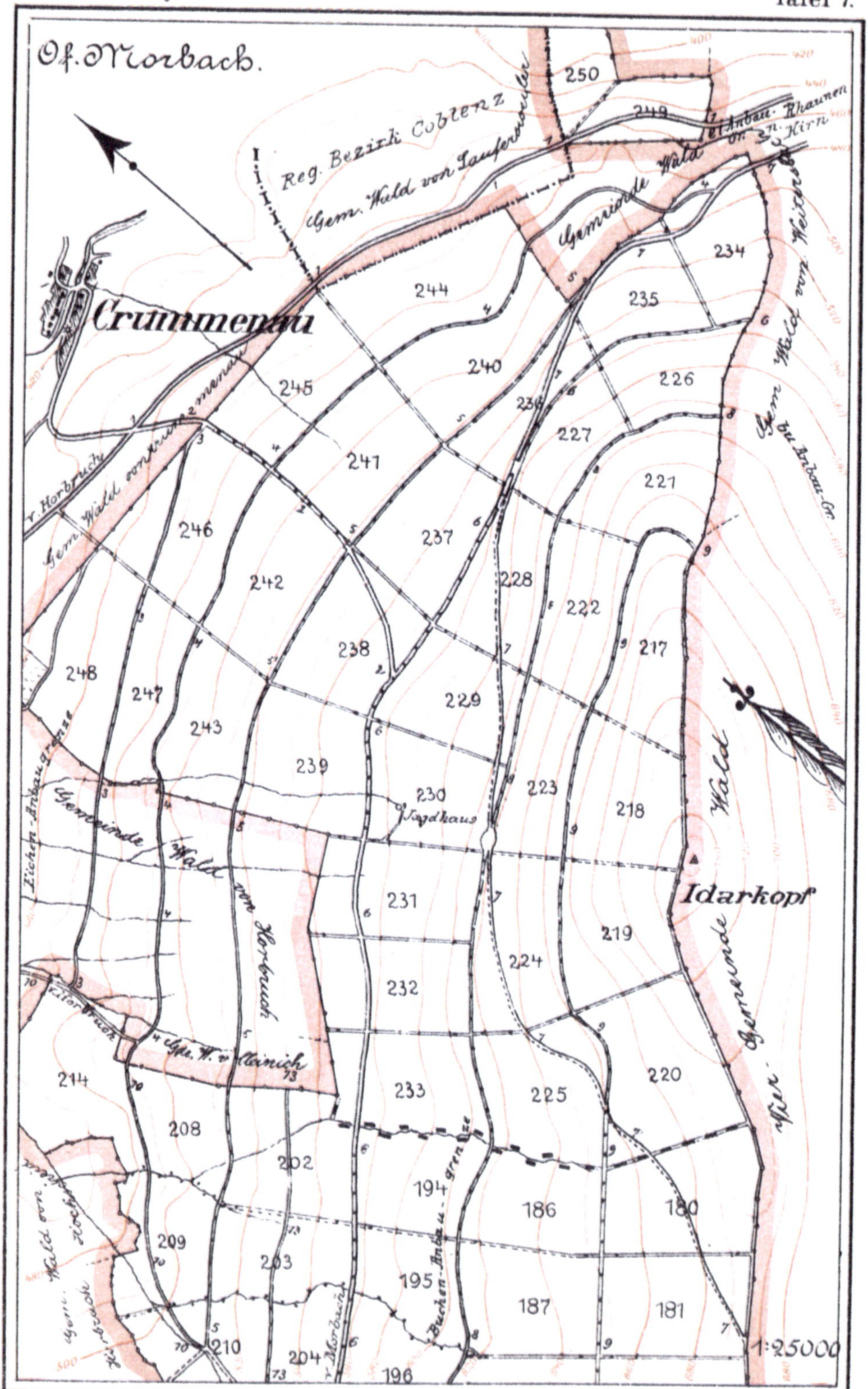
Of. Morbach.
Crummenau
Reg. Bezirk Coblenz
Gem. Wald von Lauferweiler
Gemeinde Wald
Idarkopf
1:25000
250
249
234
235
244
240
245
247
226
227
221
246
242
237
228
222
217
248
247
243
238
229
239
230
Jagdhaus
223
218
231
219
232
224
214
233
225
220
208
202
194
186
180
209
203
195
187
181
210
204
196

theilung maßgebend, er vollzieht auch den Holzabsatz in der wichtigsten Richtung nach Westen, und in Verbindung mit dem Graden Abfuhrweg (Nr. 7 d. W.-V.) vom Sattel „Stipshauserweg“ bis zum Landweg (Nr. 1 d. W.-V.) von Horbruch nach Weitersbach und Rhaunen, nach Osten. Durch den Graden Abfuhrweg Nr. 7 ist auch für die Verfrachtung der Walderzeugnisse über den I. Hauptrücken nach Süden gesorgt, nach der Höhe nimmt sein unterster Neigungssatz im Thal von 5%, auf 4% und 3% übergehend, allmählich ab. Der alte Weg nach „Crummenau“ (Nr. 2 d. W.-V.) vermittelt schließlich die Abfahrt in die nächsten nördlich liegenden Ortschaften.

Die Theilung der Abtheilungen nach ihrer Höhe erfolgte durch die Wirthschaftswege — Nr. 3, 4, 5, 8, 9, d. W.-V. —, welche, gleichlaufend mit dem Hauptweg Nr. 6, größtentheils mit 0% oder doch selten und dann nur wenig davon abweichend, auch in der wichtigsten Absatzrichtung verlaufen. Die Höhen wechseln in der Mehrzahl zwischen 300 und 400 m, seltene Abweichungen reichen bis 200 und 500 m. Die Breite welche mit einer Ausnahme durch künstliche Schneisen hergestellt wurde, schwankt zwischen 400 und 600 m. Weil die zwischen den Abtheilungen $\frac{244.240}{245.241} \cdot \frac{245.241}{246.242} \cdot \frac{246.242}{248.247.243}$ alten bestehenden Schneisen beibehalten werden konnten und wurden, mußten verschiedene zur Höhe führende Schneisen mehrmals gebrochen werden.

Je regelmäßiger die Bergwände verlaufen, um so gleichmäßiger kann man die Eintheilungen gestalten, sie gleichen dann am ehesten den Jageneintheilungen, mit dem Hinweis, daß in der Ebene die graden Linien, im Gebirge die krummen, die naturgemäßen sind.

Der Schutzbezirk Horbruch hat bei einer Flächengröße von 644 ha an Wegen und Schneisen:

a) Wege.	An Landwegen	500 m	
	„ Hauptwegen	3 700 „	
	„ Graden Abfuhrwegen	5 500 „	
			9 700 m
	„ Wirthschaftswegen	12 000 „	
	„ Grenzwegen	5 000 „	
			17 000 „
	Zusammen	26 700 „	
b) Schneisen.		9 000 „	
	Sa.	35 700 m	

Der Holzbodenverlust (für 1 m, 5 qm) berechnet sich auf (35700 . 5) 17,85 ha oder $\left(\frac{17,85 . 100}{644}\right)$ 2,77 %. Zu Abtheilungsgrenzen sind benutzt 14 600 m Wege, also $\left(\frac{14\,600 . 100}{26\,700}\right)$ 55 %. Von 26 700 Wegen sind 40 % Landwege, Hauptwege oder Grade Abfuhrwege. Die Durchschnittsgröße der 34 Abtheilungen beträgt 19 ha.

13. Bergwand mit einer Thalbildung und von alten Landwegen durchkreuzt.

Die ziemlich regelmäßig ausgeformte Bergwand im Schutzbezirk Horbruch wird in ihrer Fortsetzung durch die Schutzbezirke „Hochscheid" und „Hinzerath" (Tafel 8) anfangs durch eine nicht bis auf die Wasserscheide reichende Thalbildung unterbrochen und in ihrer ganzen Ausdehnung von einer Menge bestehender Landwege planlos durchkreuzt. Zwei derselben, Nr. 11 und 24 d. W.-V., haben Neigungen bis 10 bezw. 13 %, die anderen, Nr. 16, 17, 18 d. W.-V. sind zwar nicht über 6 % geneigt, aber sie durchziehen das Gelände so ungünstig, daß eine regelrechte Eintheilung sehr erschwert wurde.

Landweg Nr. 11 nach Hochscheid wird durch die Leitung des Graden Abfuhrweges Nr. 10 d. W.-V. auf rechter Seite des Koppelbaches mit geringerer Neigung (bis 7 %) und zwei Absatzrichtungen nach Hochscheid und Horbruch zwar ersetzt, aber er kann als Wirthschaftsweg für die nächste Umgebung bestehen bleiben. Landweg Nr. 18, bisher die nächste und einzige Verbindung über dem I. Hauptrücken mit Rhaunen, hat durch die neuen Wege vom Stern ab: Nr. 17, 6, 7 mit Umgehung der Höhe für Rhaunen jede Bedeutung verloren, ist aber für den Verkehr mit den zwischen Rhaunen und dem I. Hauptrücken belegenen Dörfer nicht zu entbehren. Landweg Nr. 16 führt von dem Sattel „Grauekreuz" nach dem Quersattel „Zolleich" zur Holzladestelle der Nebenbahn „Hermeskeil—Simmern", er ist ein Grader Abfuhrweg. Obgleich er nicht ganz regelrecht geleitet ist, muß er jetzt in seiner ursprünglichen Lage belassen werden. Ebenso der Landweg Nr. 24, trotzdem er in dem stärksten Gefälle der lehnen Bergwand liegt. Eine Verlegung des letzteren zwecks Erzielung einer annehmbaren Neigung ist wegen seinem kurzen Verlaufe im Staatswald ausgeschlossen, würde auch jetzt noch größere Mißbildungen herbeiführen. Die starke

Neigung zwischen Abtheilung $\frac{150}{151}$ kann nur vermieden werden durch Ausbau und Härtung der Schneise zwischen den Abtheilungen $\frac{151 . 146}{152}$ und einem kleinen Stück des Grenzweges seitlich Abtheilung 146; die steile Stelle zwischen $\frac{157}{158}$ kann, ohne eine Mißbildung hervorzurufen, nicht beseitigt werden. Eine regelrechte Weglage hätte nach der Geländeausformung durch die Verbindung des Sattels Grauekreuz mit dem Quersattel Zolleich bei gleicher Vertheilung der Neigung mit 3,6%, und etwa von der Mitte dieser Linie abgehend durch die Verbindung mit Hinzerath bei mäßiger Neigung geschaffen werden können.

Die beiderseits der höchsten Erhebung des Idarwaldes „An den 2 Steinen" gebildeten sehr flachen Sättel „Stipshauserweg und Grauekreuz" sind in ihrer Höhenlage nur 1,6 m verschieden. Sie wurden durch den ebenen Weg Nr. 20 d. W.-V. verbunden. Der flache Sattel Stipshauserweg machte es möglich diesen Weg 700 m von ihm entfernt in die fahrbare Grenze einzuführen, wodurch eine Häufung von Wegen auf dem Sattelpunkt selbst vermieden und eine bessere Abtheilungsbildung ermöglicht wurde. (Der Grade Abfuhrweg Nr. 7 ist ebenfalls 185 m vom Sattelpunkte entfernt in die Einsattelung geleitet worden.) Auch im Sattel Grauekreuz konnte der Weg Nr. 20 100 m vom Sattelpunkt entfernt in den Land- und Graden Abfuhrweg Nr. 16 eingeführt werden. Von der Fläche oberhalb des Weges Nr. 20 kann nun das Holz auf Null- oder Fallwegen auch über die Höhe des I. Hauptrückens auf die Südseite verfrachtet werden. — Mit zwei weiteren Nullwegen Nr. 21 und 22 d. W. V. wird die gedachte Fläche in etwa 300 m hohe Abtheilungen getrennt.

Unterhalb des Weges Nr. 20 wurde darauf geachtet, die besprochenen alten Wege möglichst für das Wegenetz und die Eintheilung auszunutzen. Nr. 18 wurde in seiner ganzen Länge als Grader Abfuhrweg beibehalten, aber auch stückweise zur Abtheilungsabgrenzung benutzt, Nr. 16 desgleichen. Nr. 17 und 24 wurden ganz zu beiden Zwecken verwendet und Nr. 11 nur als Wirthschaftsweg belassen.

In der Kreuzung der Landwege Nr. 24 und 16 wurde zur Abtheilungsabgrenzung noch ein Nullweg Nr. 19 angefangen und bis zum Landweg 18 durchgeführt, er ist für alle Absatzrichtungen gleichwerthig. Es fehlten nun für die vier oberen Abtheilungsschichten, möglichst in der Mitte Grade Abfuhrwege nach dem Thal. Schon während der Wegnetzlegung wurde die von der Höhe „An den 2 Steinen" oben mehr, nach unten wenig, ausgesprochene Rückenbildung als Schutzbezirksgrenze und zur durchgehenden Trennung der Abtheilungsschichten ausersehen. Weil diese Schneise von oben herab bis zum Wege Nr. 20 eine fahrbare Lage hat, kann sie nach entsprechendem Ausbau und Härtung für die drei obersten Abtheilungsschichten als „Grader Abfuhrweg" dienen, es brauchten daher für die tiefer liegenden Schichten diese Wege erst auf dem Schnittpunkte des Weges Nr. 20 mit der Schneise begonnen zu werden. Auf dieser Stelle wurde eine Wendeplatte vorgesehen und von dieser aus die Graden Abfuhrwege Nr. 10 und 30 abgesteckt. Der letztere hat diese Eigenschaft nur bis zur Einmündung in den Landweg Nr. 16, von da ab wurde er als Eintheilungsweg nach Süden in ebener Lage weitergeführt. Von dem Treffpunkt der Wege Nr. 17 und 18 (Am Stern) wurde die Verbindung mit dem Hauptweg Nr. 6 durch Fortsetzung des Landweges Nr. 17 ausgeführt, durch welche der neue Weg nach Rhaunen erst vollständig hergestellt worden ist. Als Fortsetzung des Eintheilungsweges Nr. 9 (Tafel 7) wurde die alte, ausgebaute, fahrbare Schneise beibehalten und der Weg Nr. 8 ist in ebener Lage fortgeführt worden bis er den Landweg Nr. 18 erreichte. Die unter dem „Hauptweg" —1— Nr. 6 noch eingelegten Nullwege Nr. 13 und 12 trennen die unterhalb liegenden Waldflächen in drei Schichten. Der Hauptweg (c) Nr. 23 d. W.-V. ist im Schutzbezirk Hinzerath nicht Eintheilungsweg. Das als Weg ausgebaute alte Gestell Nr. 15 d. W.-V. wurde beibehalten, einmal als Abtheilungsgrenze, dann als Aufschlußweg und nächste Verbindung mit dem Forsthaus Hochscheid.

Die Schneisen, welche die Abtheilungen in der Breite trennen sollen, sind theils Fortsetzungen von Wasserläufen in dem unteren Theil der Bergwand nach der Höhe, theils einfache Scheidelinien zur Bildung entsprechenden Flächengrößen.

Die Abtheilungen 164 . 165 . 166 sind 400 bis 600 m hoch. Durch den eingelegten ebenen Durchforstungsweg ist gezeigt, wie diese zweckmäßig angelegt werden, wenn nach zwei Absatzrichtungen mit gleichwerthigen, also möglichst ebenen, Wegen aufzuschließen ist. Die Abtheilungen 167 . 168 durchzieht zufällig ein Weg in schräger Lage; es wird zugegeben werden müssen, daß die beiden Abtheilungen durch diesen Weg nicht so vollständig aufgeschlossen sind, als im zuerst vorgeführten Fall.

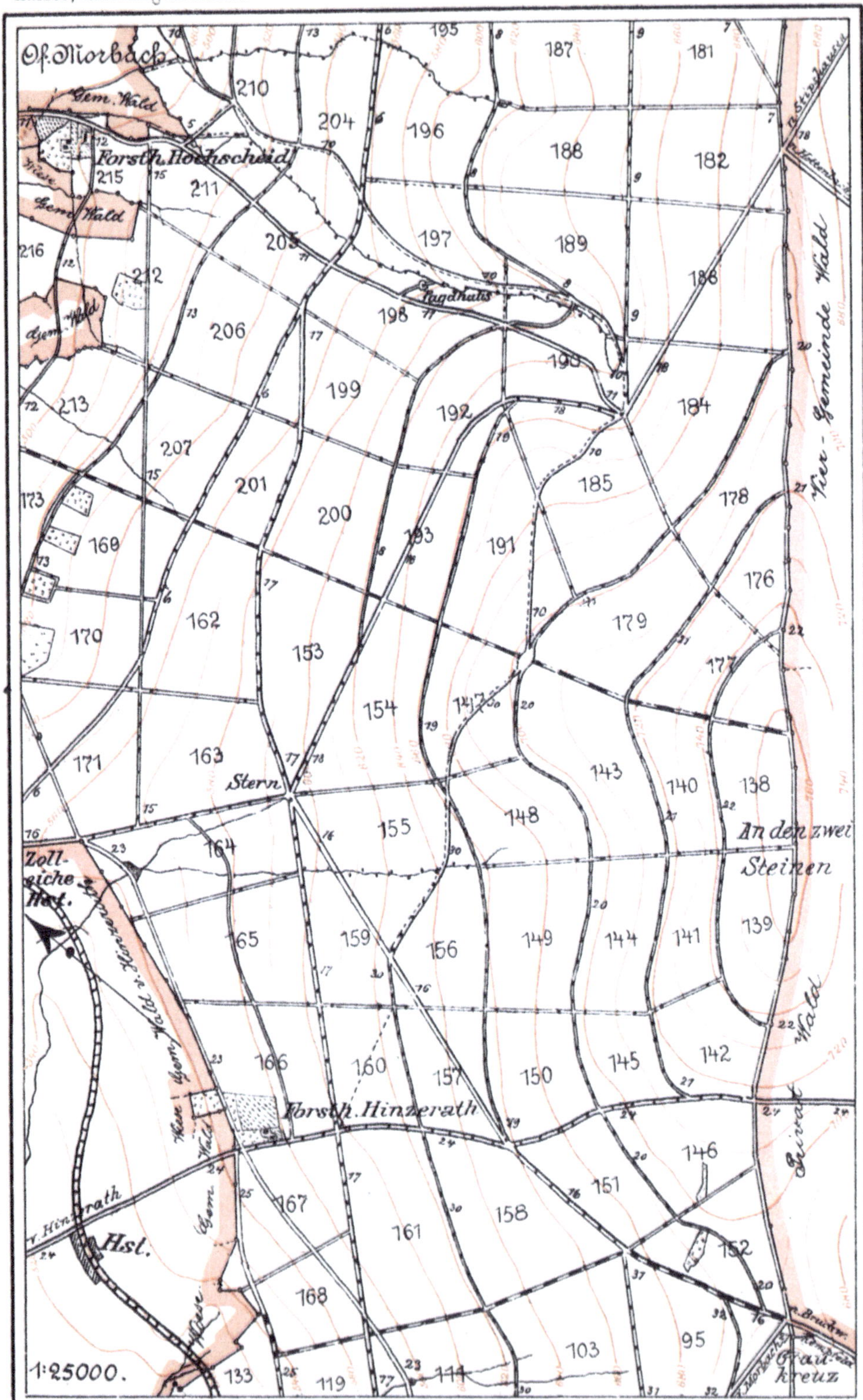
Of. Morbach
Gem. Wald
Forsth. Hochscheid
Jagdhaus
Stern
Zoll-eiche Hst.
Forsth. Hinzerath
An den zwei Steinen
Vier - Gemeinde Wald
Privat Wald
Gem. Wald v. Hinzerath
Hsl.
Graukreuz
1:25000.

Die beiden Schutzbezirke von 1400 ha Flächengehalt durchziehen an Wegen und Schneisen:

a) Wege. Hauptwege	=	6100 m	
Grade Abfuhrwege	=	17500 „	(Meistens auch Landwege.)
		23600 m	
Wirthschaftswege	=	32510 „	(Darunter 5500 Grenzwege.)
		32510 m	
	Sa.	56110 m	
b) Schneisen.	=	20750 „	
	Sa.	76860 m	

Der Holzbodenverlust berechnet sich auf (76860 . 5 qm) 38,43 ha oder $\left(\frac{3843 \cdot 100}{1400}\right)$ 2,7 %. Zu Abtheilungsgrenzen sind benutzt 37180 m oder 64 %. Von den 56110 m Wegen sind 73 % Hauptwege und Grade Abfuhrwege. Die Durchschnittsgröße der 79 Abtheilungen beträgt 17,7 ha.

Die auf Tafel 8 dargestellte Fläche zeigt die ungünstigsten Wegeverhältnisse des gesammten Gebietes. Die bestehenden alten Wege sind sämmtlich Landwege. Der mit den steilsten Stellen behaftete Weg Nr. 24 durchzieht den Staatswald in einer Länge von 2 km mit seiner Lage im stärksten Gefälle. Bei einer heutigen Verbesserung fiel einer wenig bemittelten Gemeinde die verhältnismäßig größte Leistung zu. Anstatt dortseitig auf der Südostseite den Weg Nr. 24 über den Hauptrücken des Gebirges zu führen, hätte er durch den Sattel „Grauekreuz" geleitet werden müssen, dann hätten — wie bereits angedeutet — von da aus nach der Landstraße Nr. 2 über den Quersattel „Zolleich" und auch nach dem Dorfe Hinzerath regelrechte Wege geschaffen werden können. Den bestehenden Wegen gegenüber heute noch diese regelrechten Verbindungen schaffen zu wollen, wäre nicht zu rechtfertigen, das Gelände würde durch die alten und neueren Wege vollständig verunstaltet.

Für die Umgegend hat die Verbindung von dem Sattel Grauekreuz mit der Landstraße Nr. 2 und dem Sattel Zolleich den größten Werth. Wie diese letztere Verbindung besser als sie ausgebaut ist, hätte gelegt werden können, ist bereits besprochen worden, sie nach dieser regelrechten Leitung heute zu verbessern ist deshalb ausgeschlossen, weil es sich nur um eine richtigere Vertheilung des Höhenunterschiedes zwischen beiden Punkten handelt. Der Quersattel „Zolleich" hat für eine Erweiterung des Eisenbahnnetzes durch seine Lage eine Zukunft, daher ist von der Forstverwaltung die Anlage einer Holzladestelle veranlaßt worden. Die von der Bevölkerung gewünschte und erbetene Anlage für Güterverkehr ist noch zu erwarten.

Wie für den allgemeinen Verkehr nach dem künftigen Bahnhof Hinzerath und zu der Ladestelle Zolleich für die Folge die steile Stelle in dem Landweg Nr. 24 zwischen den Abtheilungen 150 und 151 unschädlich gemacht werden kann, ist bereits angedeutet worden, die zweite ungünstige Neigung zwischen den Abtheilungen 157 und 158 ist ohne örtlich Mißstände herbeizuführen nicht zu beseitigen, sie ist für die Forstverwaltung weniger schädlich, weil die Walderzeugnisse meistens bergab gefahren werden. Wenn sie zum Vortheil des allgemeinen Verkehrs beseitigt werden sollte, dann ist die günstigste Lösung von dem Schnittpunkt des Weges Nr. 20 mit der Schneise zwischen 159 und 160 die Abzweigung eines Weges in der Quertheilung der Abtheilung 160, wie die punktirte Linie es anzeigt.

Ein Waldgelände mit vorhandenen alten, ungünstig verlaufenden Wegen zu bearbeiten, ist des Forsteinrichters undankbarste Aufgabe. Durch eine planlose Entstehung dieser Wege passen sie meistens nicht in ein regelrechtes Netz. Je besser sie ausgebaut und gehärtet sind, um so bedenklicher ist es solche Wege außer Acht zu lassen, sind sie gar Theile von Landwegen, deren Mitbenutzung der Oeffentlichkeit zusteht, dann ist dieses in vielen Fälle gradezu unmöglich.

Selbstverständlich leidet auch die wirthschaftliche Eintheilung unter einer ungünstigen Gestaltung von Wegnetzen, welche bestehende und nicht zu verlegende alte Wege verursachen. Auch Schönheitsfehler und sonstige Mängel sind oft die unausbleibliche Folge.

In der Regel soll man alte ungünstig liegende Erdwege in ein Wegenetz als Theile desselben nicht aufnehmen. Gestaltet sich ein regelrechtes Netz der Art, daß nach seinem Ausbau ein solcher Weg fortfallen kann, bezw. entbehrlich wird, dann ist das der beste Ausweg. Erwünscht ist es, wenn passende Strecken solcher Wege in das Netz eingebunden oder auch als Durchforstungswege belassen werden können. Sich aber durch die oft gebrauchte Einrede: „Das Bessere ist der Feind des Guten", durch Berücksichtigung derartiger alten Wege zu einer mangelhaften Zusammenfügung eines Netzes verleiten zu lassen, ist verkehrt. Wenn irgend thunlich, wähle man das „Beste" und verhüte dadurch späteren Tadel und Reue.

Für Wegenetze und wirthschaftliche Eintheilungen, genau nach dem dargestellten Verfahren auszuführen, sind größere Waldgebiete die geeignetsten Arbeitsfelder. In Mittelgebirge hat sich das Verfahren entwickelt und diesem ist es hauptsächlich angepaßt. Wie die wesentlichen Grundsätze auch in kleinerem und zerstückeltem Besitz Anwendung gefunden haben, hat des Verfassers Mitarbeiter: Dr. H. Martin in „Wegenetz, Eintheilung und Wirthschaftsplan in Gebirgsforsten" Münden 1882 bei Hans Augustin, bereits eingehend gezeigt. Seine Beispiele sind dem sehr bewaldeten Theile des Nassauischen Taunusgebietes entnommen, in welchem der Gemeindewald vorherrscht, durch eine Menge von Ortschaften der Waldbesitz zersplittert ist und im Gemenge mit Staatswald liegt.

Da wo klugerweise, wie z. B. in Bayern, die zusammenhängenden Waldgebiete zuerst durch Anlage von Hauptwegen den Thalzügen entlang aufgeschlossen worden sind, stehen solchen Ausführungen weniger Hindernisse entgegen, in Gegenden, in denen dem Waldwegebau besondere Sorgfalt zugewendet wurde, z. B. Hessen-Darmstadt, Baden u. s. w., müßte auf Bestehendes die gebührende Rücksicht genommen werden.

IV. Abschnitt.

Die Sicherung der Absteckungen.

Bei einer Waldeintheilung muß dem Abstecken der Wege und Linien ihre Sicherung, als wichtige Schlußarbeit, auf dem Fuße folgen; sie ist ein zum Ganzen gehöriger wesentlicher Arbeitstheil, welcher möglichst von denselben Arbeitskräften auszuführen, bezw. verantwortlich zu überwachen ist, welche zu den vorhergehenden Ausführungen in nächster Beziehung gestanden haben.

Das Gesammtgebäude einer solchen Waldeintheilung ruht am Schlusse der Festlegung örtlich auf einer Menge von Holzpfählen und Pfählchen, welche in kurzer Zeit von frevelnder Hand beseitigt, auch in Bezug auf ihre Richtigkeit verändert und beschädigt werden können.

Die regelrechte Sicherung ist eine ebenso kunstgerechte Fertigkeit und muß ebenso erlernt werden wie die übrigen Geschäfte der Wegnetzlegung und Eintheilung, sie kann daher am richtigsten, rascheften und billigsten hergestellt werden, wenn dieselben ortskundigen Arbeitskräfte sie ausführen und leiten, welche die Niederlegung aller Linien besorgt haben.

Sie zerfällt in folgende Einzelausführungen:

1. Die Versteinung (Vermalung) der Eintheilung, der Linien und Grenzen,
2. die Sicherung der Steinmale und
3. die Sicherung der Wegeabsteckungen.

1. Die Versteinung der Eintheilung, der Linien und Reviergrenzen.

In die Grenzen der Abtheilungsflächen, soweit sie durch Schneisen festgelegt wurden, sind in den Steinlinien mit Steinmalen zu besetzen:

die Eckpunkte der einzelnen Abtheilungen,
die Brechpunkte der diese abgrenzenden Steinlinien und
die örtlich bestimmten Brechpunkte der Neigungen dieser Linien.

Zu Steinmalen verwendet man fürsorglich nur die dauerhaftesten Gesteinsarten, die Lavasteine (Eifel), Basalte, die quarzhaltigen Steine, die festen Urgebirgsgesteine, Melaphire, Porphirite u. s. w. und von Kalk- und Sandsteinen nur die erprobten und festen. Zu den sog. „Jagensteinen" läßt man, wo nicht regelmäßige leichte Basaltsäulen zur Verfügung stehen, die Steine im oberen Drittel, etwa 35 cm lang, regelmäßig behauen, wählt als Mindestlänge 90 cm, besser 1 m, als geringste Breite der behauenen Seitenflächen 20 cm, höchstens 22 cm. Die Kopfflächen können vom Mittelpunkt nach den Seitenflächen 3 cm abgedacht werden, der Fuß der Steine darf zum Vortheil einer festen Einsetzung nicht schmaler als der obere Theil sein.

Für die Steinmale der Außengrenzen soll man dieselbe Form der Jagensteine mit einer Mindestlänge von 75 cm und einer Seitenbreite von 18 cm bis 20 cm wählen. Die gleichseitige Rechteckform der Kopffläche hat der vielfach gebräuchlichen länglichen Rechteckform gegenüber den Vorzug einer sichereren Bestimmung des Mittelpunktes bei späteren Absteckungen und Messungen.

Zu der Versteinung aller übrigen Festpunkte genügen zwar rauhe Steine — gewöhnliche Bruchsteine und Findlinge im Walde — mit der Länge der Grenzsteine, ihrer Auswahl ist aber besondere Fürsorge zu widmen, damit nur recht haltbare und gut geformte Steine zur Verwendung kommen, auf welche auch einmal, wo es erwünscht ist, die Abtheilungsnummern gesetzt werden können.

Vor dem Beginn des Einsetzens der Steine werden von dem zu besetzenden Festpunkte aus nach vier, ziemlich rechtwinkelig sich kreuzenden Richtungen, am besten mit einer ständig beizubehaltenen Meßlatte von etwa zwei Meter Länge, vier Punkte festgelegt und durch Pfähle oder Stäbe bezeichnet, welche die Lage des Punktes genau sichern. Um den Punkt herum wird dann mit der Hacke ein gut kenntlicher Kreis von etwa 60 cm Durchmesser gezogen, welcher die Ausdehnung für das auszuhebende Steinloch angiebt. Beim Ausheben des Loches wird die stein- und wurzelfreie Erde seitlich besonders aufgeschichtet. Mit Hilfe der vorher abgelegten vier Hilfspunkte wird der Stein so eingesetzt, daß nach genauer Einsenkelung der Mittelpunkt der Kopffläche mit dem Meßpunkt, welchen er dauernd sichern soll, genau übereinstimmt. Zwischen dem eingesetzten Steine und den Rändern des Steinloches muß ein ziemlich breiter freier Raum von etwa 15 cm Breite geschaffen sein, welcher mit steinfreier möglichst bindiger, reiner Erde nach und nach ausgefüllt und von Grund auf bis zur Erdoberfläche immer wieder gleich gut festgestampft wird, wobei eine Verrückung des Steines durch öftere Meßproben zu vermeiden ist. Gewöhnlich muß noch aus der Nähe gute, bindende Erde herbeigeschafft werden.

Es ist dies die einzig empfehlenswerthe Art, mit welcher Steine dauernd befestigt werden können; sie ist beim Einsetzen jeder Art von Steinen mit gleicher Sorgfalt anzuwenden.

Nach dem Einsetzen der Jagensteine belegt man zweckdienlich zum Vortheil des demnächstigen Auftragens der Abtheilungsnummern den Boden um den Stein herum mit einer dünnen Rasenschichte oder mit Moos, in Ermangelung dieser mit Laub u. s. w., damit bei Regen die behauenen Seitenflächen nicht mit aufspritzender Erde beschmutzt werden.

Bei dem Einsetzen der Läufersteine in grade Linien kann man das Ablegen zur Sicherung der Steinpunkte dadurch ersparen, indem man die Steinlinie durch Einsetzen der Stäbe in ihre früheren Standpunkte wieder herstellt und mit ihrer Hilfe die Steine genau in die graden Linien einrichtet; auf eine geringe Abweichung in der Richtung der graden Linien kommt es bei diesen Punkten vor der Aufmessung nicht an.

Bei der in Preußen bestehenden Bestimmung, wonach die Mitte der Schneisenfläche die Grenze der Jagen bildet, ist eine Sicherung dieser Jagengrenze durch Einsetzen von Steinmalen nicht angebracht.

Bei der von Defert (weiland Vorsteher des Forsteinrichtungsbureaus), anlehnend an diese Bestimmung, vorgeschlagenen und in Preußen vielfach zur Anwendung gebrachten Festsetzung der Jagensteine in die Eckflächen der Jagen ist dieser Stein mit seinen Jagennummern nur ein einfacher Wegweiser, unmittelbar bezeichnet er keinen Punkt der Jagengrenze, ein Werth für die Vermessung eines Waldes ist ihm daher auch nie zuerkannt worden. Dabei ist die Bestimmung dieser Standpunkte für die Jagensteine nach der gegebenen Anweisung umständlich und zeitraubend.

Verfasser hat, um jene Bestimmung über die Grenze der Jagen zu beachten, bei Beginn seiner Arbeiten in Preußen — April 1870 — längere Zeit der Frage, auf welche Weise die Mittellinie der Schneisen örtlich zweckmäßig zu sichern sei, besondere Beachtung gewidmet, hat Ausführungen verschiedener Art, auch die schräge oder quere Versteinung, wechselnd von einer Seite zur gegenüberliegenden örtlich versucht, ist aber immer wieder auf die seitliche Abgrenzung zurückgekommen, welche auch in den Kreisen seiner zahlreichen Mitarbeiter ungetheilte Zustimmung fand. Durch Ministerialerlaß wurde im Jahre 1875 diese Art der Jagenabgrenzung für den Bereich seiner Thätigkeit genehmigt.

Durch die Wahl einer Seitenlinie der Schneisenfläche als Abtheilungsgrenze ist es allein möglich die Jagensteine gleichzeitig als Grenzmale für die Wirthschaftsflächen, als unmittelbare Meßpunkte und als Wegweiser zu den einzelnen Abtheilungen dienstbar zu machen. Dabei kann für die Vermessung bei der ausreichenden Zahl von Festpunkten im Innern des Waldes jede weitere Versteinung von Hilfspunkten (Poligonpunkten), welche auch nur einem Zwecke dienen, ganz unterbleiben.

Die Steinlinie begrenzt unmittelbar: einerseits die Holzbodenfläche, anderseits die Schneise oder den Weg und was zu beiden rechnet.

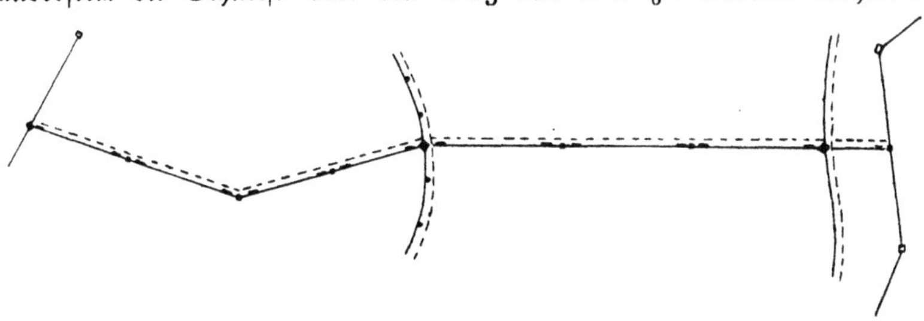

Fig. 12.

Von der Holzbodenfläche bleibt ein unantastbarer Streifen von mindestens ein Meter Breite nicht allein von Holzanbau befreit, er darf auch zu keinem anderen Zwecke, etwa zu Grabenanlagen u. s. w., verwendet werden. Alles was zur Erhaltung der Schneise oder des Weges, zu ihrer Verbesserung, zu Grabenanlagen oder zwecks Erbreiterung zu geschehen hat, muß stets abseits der Steinlinie nach der Schneise oder dem Wege zu ausgeführt werden.

Schon bei Anlage der Steinlinien wurde möglichst darauf geachtet, daß sie als Meßlinien gut brauchbar sind, es ist aber auch dafür zu sorgen und bei Begründung neuer Bestände darauf zu halten, daß diese Linien durch Freihiebe, bezw. durch Unterlassung des Anbaues des ein Meter breiten seitlichen Streifens für Messungen stets brauchbar bleiben.

Bei Bestimmung der Punkte für das Einsetzen der Jagensteine auf den Ecken der Abtheilungen sind die örtlich verschiedenen Verhältnisse zu berücksichtigen. Da wo die Schneisen mit beibehaltenen, ausgebauten, alten Wegen kreuzen, kann man die äußere obere Weggrenze ziemlich genau feststellen, auch noch bei den Wegen der Ebene, bei welchen entweder ihre obere Grenze oder ihre Mittelinie gesichert sind, aber bei allen Wegen des Gebirges bei denen nur die abgesteckte Weglinie oder schon der Leitpfad als Anhalt dient, ist der künftige obere Wegrand vielfach nur annähernd festzustellen.

In den weitaus meisten Fällen kreuzen die Schneisen mit den Eintheilungswegen in einem dem rechten nahe kommenden Winkel; wenn nicht besondere Gründe für eine Ausnahme sprechen, setzt man die Jagensteine auf die obere, höher liegende Seite der Weggrenze, welche auch die künftige Abtheilungsgrenze bildet. Die Zeichnungen auf Tafel 9 sollen klarlegen, wie in den verschiedenen Fällen bei der Wahl und Bestimmung der Steinpunkte zu verfahren ist.

1. Bei Geländeneigungen von 1 bis 10% und wenn nur eine, der Steinlinie entgegengesetzte, Abfuhrrichtung zu berücksichtigen ist, wird der Jagenstein auf den Schnittpunkt der Seitenlinie mit dem äußersten Wegrand —a— gesetzt und nur die gegenüberliegende Ecke der Abtheilungsfläche mit dem Maße des erforderlichen Krümmungshalbmesser abgerundet.

2. Bei zwei Abfuhrrichtungen kann der Stein wie bei „1" gesetzt werden, wenn die Abtheilungsfläche mit einem Halbmesser abgerundet wird, daß der äußere Rand der Ausfahrt, etwa 2 bis 3 m vom Stein entfernt vorbeiführt. (Bei geringer Geländeneigung empfiehlt sich diese Ausführung am meisten; bei den Sicherungsarbeiten bestimmt man den Halbmesser der Abrundung und sichert auch diese, es erspart spätere Eingriffe in die Waldränder.)

3. Stehen einmal diesen Abrundungen bei „2" Hindernisse im Weg, dann greift man zu dem Ausnahmefall und setzt den Stein auf Punkt „b" unten hin.

Bei der Kreuzung der Schneisen mit Wegen des Gebirges wird, wenn der Fall „1" vorliegt, ebenso verfahren, in allen anderen Fällen ist es angezeigt:

4. Die Steine in die Grenze der erforderlichen Abrundungen zu setzen. Hierbei ist größte Vorsicht geboten, weil hohe Böschungen oft wenig haltbar sind. Fürsorglich setzt man in solchen Fällen den Stein 2—3 m vom Rande entfernt höher.

Das Setzen der Steine in der Steinlinie mehrere Meter vom eigentlichen Schnittpunkt entfernt, benimmt ihnen die Eigenschaft als Festpunkt nicht, weil die Festmessung erst nach dem Einsetzen erfolgt. Anders liegt die Sache, wenn ein anfangs zu nahe gesetzter Stein

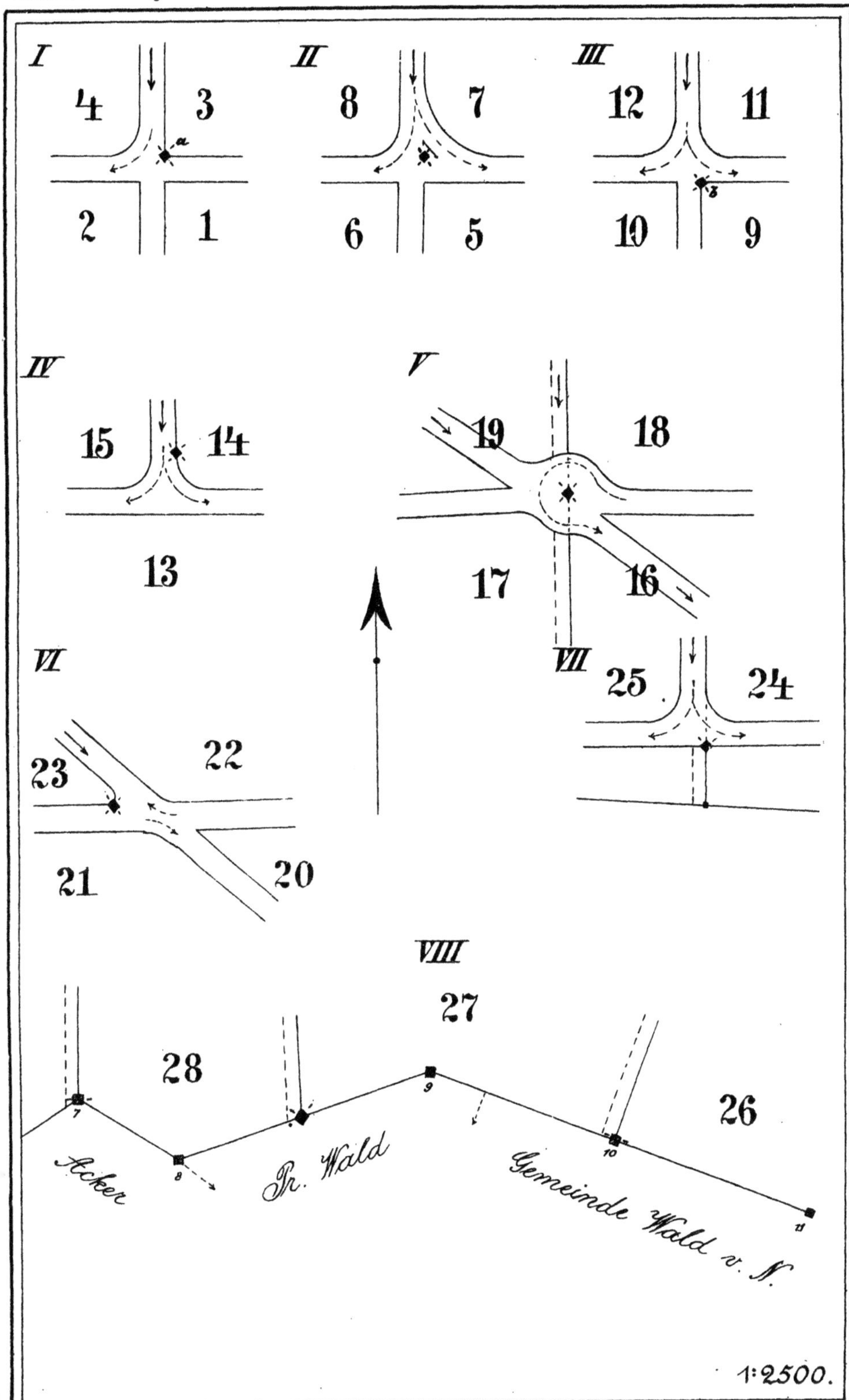

Verlag von Julius Springer in Berlin.
Photolith. d. geogr.-lith. Anst. u. Steindr. v. C. L. Keller, Berlin S.

später versetzt wird, dann muß der Unterschied des Standes genau festgestellt und in den Urkarten berichtigt werden.

5. Wenn von dem Punkt einer Steinlinie aus, zwei Eintheilungswege und zwei Grade Abfuhrwege abgesteckt worden sind, kann dieser Punkt als Mittelpunkt der Wendeplatte mit dem Jagenstein besetzt werden. Geschieht dieses nicht, dann muß er, wie bei „4" gezeigt, in den Schnitt der Abrundung mit der Steinlinie eingesetzt werden (Siehe auch Tafel 3 [I]).

6. Da wo Grade Abfuhrwege anstatt einer Schneise die Breite der Abtheilungen abgrenzen, setzt man die Steine am besten von der Spitze einer Abteilungsfläche einige Meter zurück. Diese Spitzen werden von den Abrundungen nicht berührt und die Steine durch die Weggräben geschützt.

7. Wenn Waldgrenzen nicht fahrbar verlaufen und unweit derselben Wirthschaftswege vorbeiführen, welche nicht zur Eintheilung dienen und von Schneisen überschritten werden, setzt man zum leichteren Zurechtfinden der Holzkäufer und Fuhrleute zweckmäßig einen Jagenstein, anstatt in die unwegsame Grenze, an diese Wege. Auf dem Schnittpunkte mit der Außengrenze genügt dann ein rauher Stein.

8. An fahrbare Außengrenzen setzt man die Jagensteine so, daß auf die je zwei entgegengesetzten Seiten die Abtheilungsnummern und die Nummern der Genzsteine angebracht werden können.

Bei dem Einsetzen der Jagensteine ist darauf zu achten, daß alle aufgetragenen Nummern beim Begehen der Wege und Schneisen zu erkennen sind; dieses ist nur dann möglich, wenn man die entgegengesetzten Ecken eines Steines mit der Steinlinie in eine grade Linie bringt. Ausnahmen kommen vor, wenn mehr als vier Abtheilungen auf einem Punkt zusammenstoßen und für solchen Punkt ein gleichkantiger Stein gefertigt wird. Muß man in solchem Falle eineu viereckigen Stein verwenden, dann müssen zwei Nummern auf eine Seite gesetzt werden. (Siehe Fig. 13.)

Die beigefügten Zeichnungen geben nähere Anweisung über Richtung der Steine. Ueber Numerierung siehe Anweisung im Anhang. Zum Zwecke der Sicherung der Eintheilung werden weder an Wege der Ebene noch an solche des Gebirges Steine gesetzt, nach einem vollständigen regelrechten Ausbau bilden beide eine unverrückbare Grenze. Man handelt aber fürsorglich, wenn man nach dem fertigen Ausbau der Wege, gelegentlich der endgiltigen Festmessung derselben, eine Anzahl sicher gelegener Meßpunkte nur als Anhalt und zur Erleichterung bei künftig erforderlichen Einmessungen mit rauhen Steinen besetzt, bei Wegen der Ebene namentlich die Brechpunkte langer Linien. (Siehe Fig. 14.)

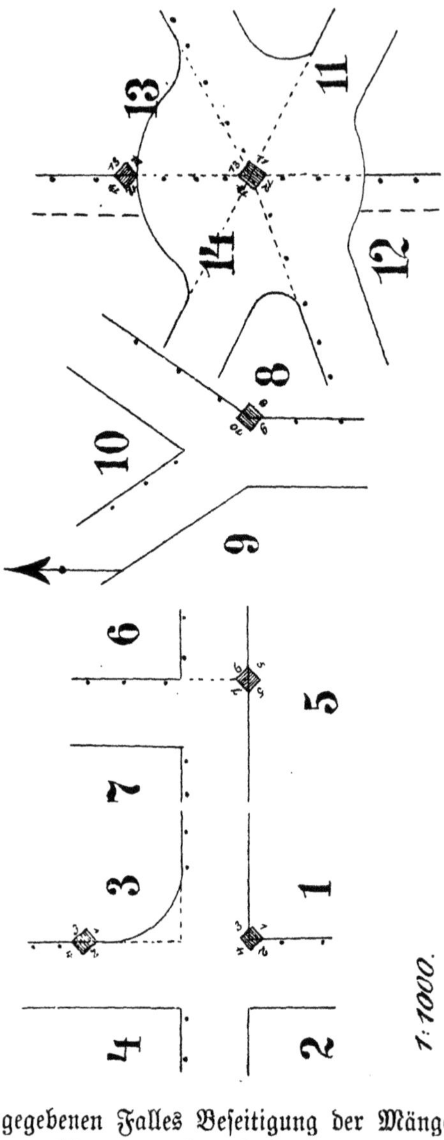

Fig. 13.

Ebenso verfährt man, wo Wasserläufe und Bäche zu Abtheilungsgrenzen bestimmt worden sind. Haben solche Wasserläufe doppelte Rinnsale gebildet, dann muß veranlaßt werden, daß das sicherste Bett in unzweifelhafter Lage hergestellt wird. (Doppelläufe in Bächen rühren oft von Fischdiebstahl her, durch Leitung des Wassers in den einen Lauf wird der andere zum Ausrauben geeigneter gemacht.)

Gelegentlich einer Waldeintheilung oder Nachprüfung einer solchen darf nicht versäumt werden, eine Untersuchung des Grenzzustandes vorzunehmen, welche sich nicht allein auf die örtliche Uebereinstimmung mit dem Nachbarbesitz und mit den Urkunden des Katasters beschränken darf, es ist auch der Zustand der Steinmale, ihr fester und grader Stand festzustellen, um gegebenen Falles Beseitigung der Mängel zu veranlassen.

Ein regelrechter Zustand ist auch nur dann vorhanden, wenn ein Grenzzug überall unzweifelhaft zu erkennen ist. Sich mit der Grenze des anvertrauten Dienstbezirkes bekannt zu machen, gilt als erste Pflicht der Forstbeamten; das ist nur dann möglich, wenn von einem Grenzmal zum anderen freie Aussicht die Bestimmung der Grenze auch auf dem Grund und Boden gestattet, es kann dem Forstbeamten jeden Tag vorkommen, daß er bezüglich des Verlaufs einer Grenzlinie eidliche Angaben zu erstatten hat.

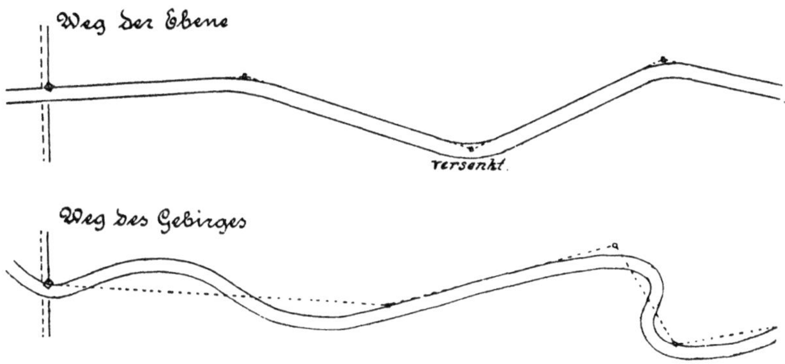

Fig. 14.

Bei der ersten Bezeichnung der Grenzen durch Steinmale wurde vielfach auf wichtige Punkte nicht geachtet; wie häufig kommt es vor, daß man von einem Steinmal zum andern, auch bei freier Aussicht, nicht sehen kann. Solche Zustände sind dadurch zu beseitigen, daß man hauptsächlich die Brechpunkte der Geländeneigung für den Stand der Steinmale wählt. Daß solche Aenderungen nicht ohne die Zustimmung der Nachbarn ausgeführt werden dürfen, daß sie auch nicht ohne Mitwirkung der Katasterbehörde geschehen können, ist selbstredend.

Ein leider vielfach vorkommender Mißbrauch bei der Grenzsicherung durch Gräben besteht darin, diese bis dicht an die Steine auszuheben, ja sogar unmittelbar an denselben vorbei zu führen. Dadurch neigen sich die Steine nach der Seite und fallen nach kurzer Zeit ganz um. (Ich wurde bei diesen Fällen stets an die Naturgeschichte der Misteldrossel erinnert. T. c. m.)

Sobald ein Grenzzug tadellos in Ordnung gebracht ist, darf in den meisten Fällen die Unterhaltung nennenswerthe Kosten nicht verursachen, an vielen Orten ist aber heute noch ein Anderes der Fall. Bei Herstellung von Grenzgräben gegen fremden Besitz soll man dieselben nicht von Mitte zu Mitte des Steines führen, sondern mindestens die halbe Steinbreite (10—15 cm) von der fremden Grenze bezw.

von der Mitte des Steines abrücken. Das fremde Eigenthum wird dann nicht durch Einfallen leiden, worüber sich der Nachbar beschweren kann und der diesseitige Schutzbeamte kann jede Beschädigung leicht erkennen und hat einen Anhalt bei Verfolgung der Sache. Grenzgräben dürfen auch nicht zur Wasserabführung dienen, bei dem Ausheben müssen je nach der Geländeneigung 1 m lange Riegel stehen gelassen werden.

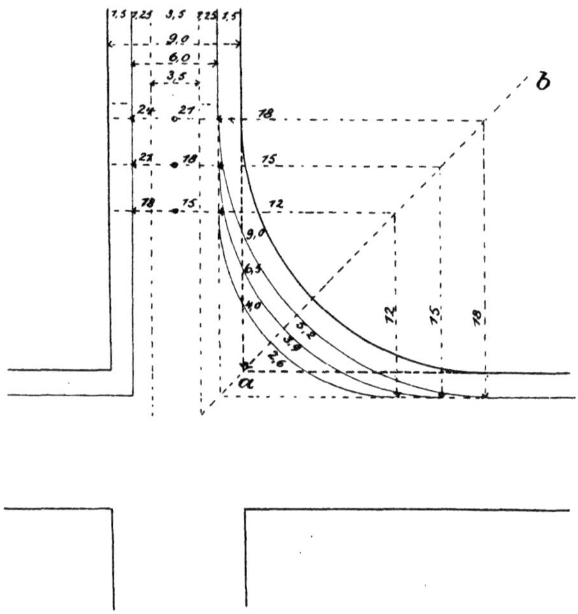

Fig. 15.

Die Wegkrümmungen werden erst im nächsten Abschnitt besprochen. Die Zeichnung 1:500 soll nur darstellen, wie bei rechtwinkeliger Lage der fahrbaren Schneise zum Eintheilungsweg die Abrundung und die Bestimmung des Punktes für den Jagenstein zu vollziehen ist. In den meisten Fällen wird eine Abrundung mit 12 m innerem und 18 m äußerem Krümmungshalbmesser genügen. Es sind dann vom Schnittpunkt a der Schneisengrenze mit der Weggrenze beiderseits 4 m für den Anfang und das Ende der Abrundung und für den Stein bei ziemlich ebenem Gelände, und in der Schneisengrenze mit 1—2 m weiter der Punkt für den Jagenstein bei Böschungen zu bestimmen. Mißt man in der Halbirungslinie des Winkels a—b vom Punkt a noch 2,6 m ab, dann ist auch die Bogenlinie der Abrundung festgelegt.

Aendert sich in einer Spitze, welche abgerundet werden soll, der Winkel erheblich, dann müssen die betreffenden Maße auf diese einfache Weise ermittelt werden. Der Winkel ist aus der Urkarte zu entnehmen.

2. Die Sicherung der Steinmale.

Die Steine sollen die festgestellten Grenzen der einzelnen Wirthschaftsflächen sichern. Dauernd kann es nur geschehen, wenn auch die Steinmale vor Zerstörung geschützt werden, welches im geschlossenen Walde durch die beste Aufsicht allein nicht zu ermöglichen ist. Dieser Schutz wird in der Regel am einfachsten durch Herstellung von Gräben erreicht, welche als die Anfänge künftig doch auszuführender Heg- oder Weggräben besondere Kosten nicht verursachen.

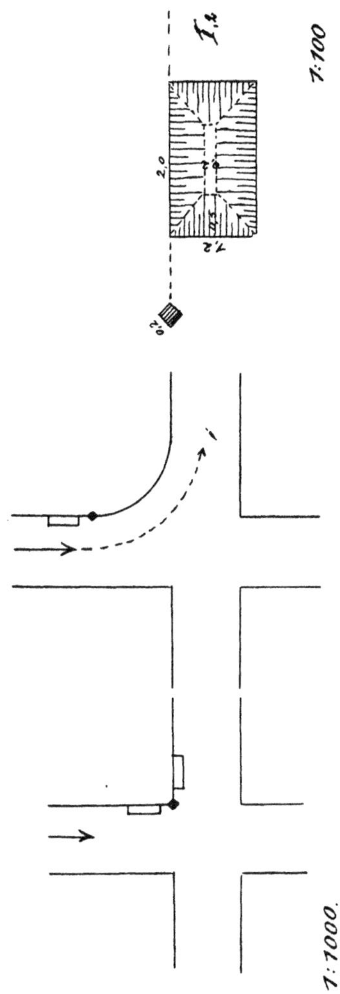

Fig. 16.

Bei der Anlage dieser Schutzgräben ist das wichtigste Erforderniß, daß mau jedem Steinmale im Umkreis von mindestens einem Meter von seinem Mittelpunkt aus den ursprünglich festen (gewachsenen) Mutterboden beläßt, wozu auch noch beim Ausheben der Gräben die Böschung gehört. Die Gräben legt man in der Weise an, daß die von Stein zu Stein genau abgesteckte Linie den äußeren Grabenrand nach der Waldseite bildet und bei dem Ausheben der Gräben 1 m von der Steinmitte auch die Böschung nach der Grabenmitte noch beläßt. Unter 1,2 m soll man die Breite der Gräben nicht bestimmen und je nach der stärkeren oder geringeren Bodenbindigkeit $^4/_4$ bezw. $^5/_4$ Böschung stehen lassen. (Siehe Fig. 17.)

Wenn die Heg- und Weggräben örtlich breiter als das gedachte Mindestmaß von 1,2 m ausgehoben werden, dann formt man diese Schutzgräben in gleicher Breite aus, bezw. verbreitert sie, wenn sie anfangs nicht in solchem Maße ausgeformt wurden. Die Tiefe der Gräben hängt neben der Breite auch von dem anzuwendenden Böschungsgrad ab. (Siehe die Gräbenformeln.)

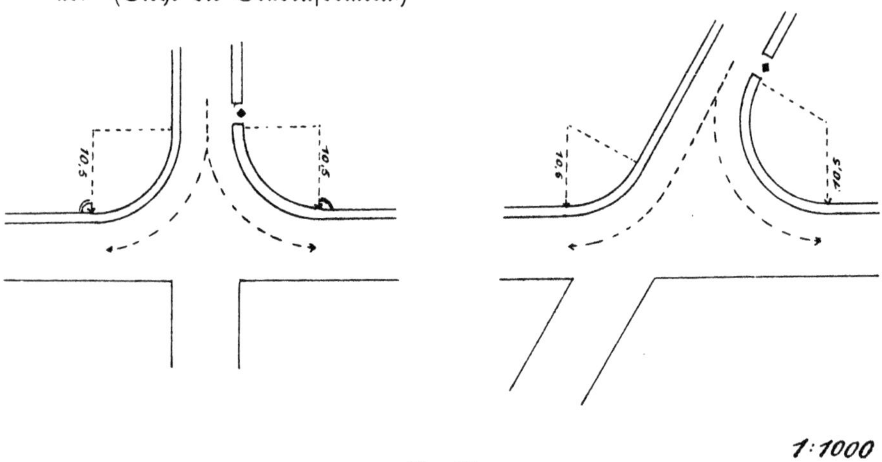

Fig. 17.

Weil die Heg- und Weggräben in einem Bezirk nicht zu gleicher Zeit in ihrer ganzen Ausdehnung ausgehoben werden können, genügt zur Sicherung der Steine eine Herstellung von 2 bis 3 m Länge. Wo bei Abrundung der Spitzen der Abtheilungsflächen die Steine an den oberen Böschungsgrad in der Steinlinie heraufgerückt werden, genügt ein Graben oberhalb des Steinmals.

Das Auftragen der Nummern auf die Steine erfolgt nach der im Anhang beigefügten erprobten Anweisung. (Siehe Anhang 2.)

3. Die Sicherung der Wegabsteckungen.

Der Ausbau eines Wegnetzes muß in den meisten Fällen auf Jahre und Jahrzehnte vertheilt werden, daher ist es erforderlich, die abgesteckten Linien im Gelände so ausgiebig zu sichern, daß für den späteren Ausbau die Höhenlage der Wege unzweifelhaft kenntlich bleibt.

Die „Wege der Ebene", welche in ebenem oder nahezu ebenem Gelände, bis etwa 10 % Neigung verlaufen, werden dadurch gesichert, daß man bei gestreckten graden Linien ihre Wegmittelinie in entsprechenden

Entfernungen, etwa alle 50 bis 100 m mit dauerhaften Holzpfählen, die Brechpunkte in gleicher Weise bezeichnet nnd diese Pfähle durch Ausheben eines 0,5 m oben und 0,1 m unten breiten, 0,2 m tiefen, 0,7 m langen Stichgrabens, 0,2 m vom Pfahl entfernt kenntlich macht. Sie werden so ausgehoben, daß die Wegmittelinie und die Stichgrabenmitte zusammenfallen. Bei den Pfählen in graden Linien ist nur ein Graben erforderlich, an den Brechpunkten müssen zwei Gräben auch die Abweichung von der graden Linie angeben. (Fig. 18a.)

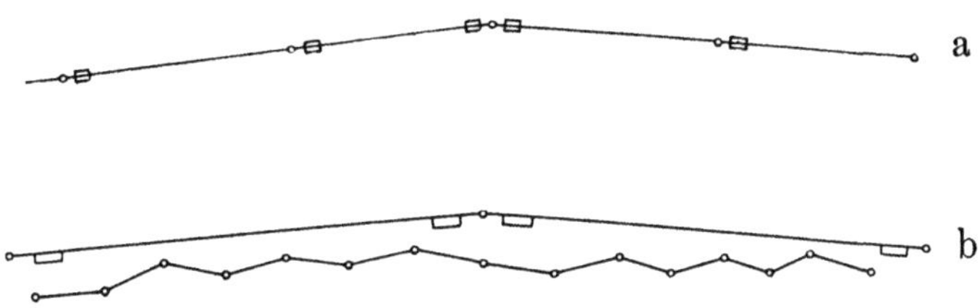

Fig. 18.

Bei unregelmäßigerem Verlauf der Wege der Ebene und wenn die Brechpunkte näher zusammenliegen, kann man auch die obere Grenzlinie des künftigen Weges, die am höchsten liegende Seitenlinie so festlegen, daß man auf den Brechpunkten dieselbe Sicherung vornimmt, wie sie bei der Steinsicheruug in den Steinlinien der Schneisen gezeigt wurde. Die beiderseitigen Gräben werden 1 m vom Brechpunkt begonnen, liegen mit ihrem Außenrand in den Grenzlinien des Weges, sind also die Anfänge der künftigen Weggräben. (Fig. 18b.)

Die Sicherung der Wegmittelinie hat den Vorzug, daß ein regelmäßigerer Verlauf der Wege zu erreichen ist, indem man vielleicht bei dem Aufhieb vor dem Ausbau manchen flachen Winkel fallen lassen, stärkere abschwächen kann.

Bei der Festlegung und Sicherung der Seitengrenzen der Wege in geschlossenem Holze und Dickungen, welche anfangs bei den Arbeiten in Kurhessen und Nassau vorzugsweise beobachtet wurde, hat sich bei späteren Wegausführungen ergeben, daß manche Winkel hätten fortfallen können, welche auch bei offenem Walde gar nicht gebildet worden wären.

Für die „Wege des Gebirges", die Wegabsteckungen im Gelände über 10 % wird nur der Verlauf ihrer Neigung gesichert, indem man den mit der Sehlinie des Gefällmessers gleichlaufenden und auf dem Boden durch die Höhenpfähle in gebrochenen Linien bezeichneten Rand durch wagrechten Abtrag der Erdmassen als „Leitpfad“ — den Weg im kleinen Maßstab — herstellt.

Zweckmäßig wird zur Förderung der Arbeit und zwecks genauer Ausführung bei Anlage dieser Leitpfade nochmals mit dem Gefällmesser der Rand der Bodenlinie durch kleine Merkpfählchen genauer bezeichnet. Diese Arbeit kann man auch mit Hilfe von Richtkreuzen ausführen, aber bei Anwendung des Gefällmessers werden allenfallsige Fehler oder Verrückungen der Standpunkte leicht entdeckt. Der geschulte Vorarbeiter kann schon sehr viel dazu beitragen, daß der Leitpfad auch die Wegrichtung annähernd richtig angiebt, indem er ihn möglichst streckt, auch da, wo die Sehlinie Geländewellen und kleine Vorsprünge durchschneidet, anstatt den Pfad in krummen Wendungen um solche Stellen herumzuführen, die richtige Weglage durch kurzes stollenartiges Einführen der Leitpfade in das gewölbte Gelände beiderseits, beim Beginn und Ende des Durchstiches, vorzeichnet.

Fig. 19.

Solche mit Sachkenntniß angelegte Pfade können die Richtung eines Wegezuges schon ziemlich genau angeben, aber es muß doch besonders betont werden, daß nur in ganz regelmäßigem Gelände der Leitpfad auch gleichzeitig die Wegrichtung und Lage anzuzeigen vermag, daß aber bei unregelmäßiger Geländeausformung die genaue Weglage beim Ausbau stets örtlich ermittelt und vorgezeichnet werden muß.

Die Leitpfade sind, abgesehen von ihrer eigentlichen Bestimmung, auch sofort nach ihrer Anlage für die ausübenden Beamten von Werth, indem sie die Grenzen der Wirthschaftsflächen, überhaupt alle Waldtheile, welche sie durchziehen, leicht zugänglich machen, sie müssen daher in Bezug auf ihre Breite, Kenntlichkeit und Haltbarkeit so hergestellt werden, daß sie allen Zwecken vollkommen dienen können.

Für die Kenntlichkeit und Haltbarkeit eines Leitpfades ist eine senkrechte Abtragshöhe von mindestens 20 cm unbedingt erforderlich, diese kann im Gelände von 10% Neigung erst durch eine Pfadbreite von 2 m ins feste Erdreich erreicht werden, bei einer Breite von 1 m ergiebt sich eine Abtragshöhe von 10 cm, ein solcher Pfad ist im offenen Walde nach dem ersten Laubabfall kaum noch erkennbar.

Nach Fertigstellung der Eintheilung eines Waldes verursacht die Sicherung des Wegenetzes eine der erheblichsten Geldausgaben. Das Verfahren, die Sicherung durch Leitpfade herzustellen, verdient ohne Zweifel deshalb den Vorzug, weil es thatsächlich keine Sonderausgabe ist. Alles was bei Herstellung des Leitpfades zu geschehen hat, müßte genau ebenso ausgeführt werden, wenn anstatt des Pfades, der Weg in seiner ganzen Breite sofort ausgebaut werden sollte, es muß daher der Ausbau der Leitpfade als eine Vorarbeit für den Wegebau angesehen werden.

Grade weil diese Vorarbeit keine geringe Geldausgabe verursacht, ist es um so mehr angezeigt, darauf aufmerksam zu machen, auf welche Weise Ersparungen eintreten oder durch welche Anordnungen für das aufzuwendende Geld die größten Arbeitsleistungen erreicht, also die weitgehendsten Vortheile für den Waldeigenthümer erzielt werden können. Bei großen Geldaufwendungen lassen sich durch sachgemäße Erwägungen und Anordnungen nennenswerthe Beträge ersparen oder Werthe erwerben, nicht bei Kleinigkeiten.

Bei regelmäßiger Geländeneigung von 100% — Neigungswinkel $\frac{R}{2}$ — stellt sich die Fläche eines wagerechten Erdabtrages mit senkrechter Böschung, wie er bei der Anlage von Leitpfaden ausgehoben wird, als gleichschenkeliges rechtwinkeliges Dreieck dar.

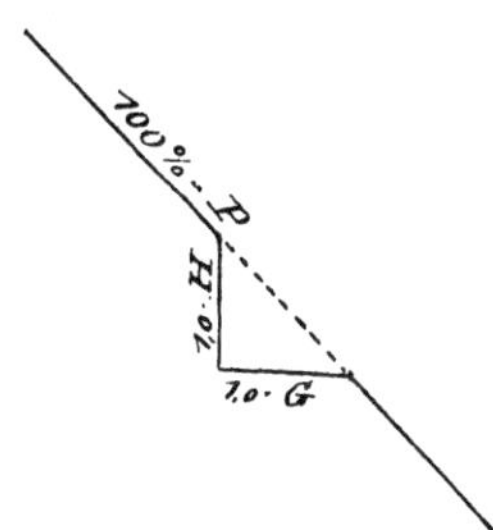

Fig. 20.

Die Höhe des Abtrag-Dreieckes — H — ist in diesem Falle gleich der Grundlinie desselben — G — seine Flächengröße ist $= \frac{G \cdot H}{2}$ und die Abtragsmasse — M — für eine Maßeinheit ist $M = \frac{G \cdot H}{2} \cdot 1$, hieraus $H = \frac{2\,M}{G}$ — Tafel c.

Mit dem Fällen der Bergneigung wird die Fläche des Abtrag-Dreieckes und damit auch — H — kleiner und das Maß der Verkleinerung wird durch die Tangente des Neigungswinkels bezw. durch den Prozentsatz der Bergneigung — P — ausgedrückt, es ist daher: $H = G \cdot P$ — Tafel a. — und $G = \frac{H}{P}$ — Tafel b. — Die Formel zur Berechnung der Fläche des Abtrag-Dreieckes $= \frac{G \cdot G \cdot P}{2} = \frac{G^2 \cdot P}{2}$ und die Abtragmasse für die Maßeinheit ist $M = \frac{G^2 \cdot P}{2} \cdot 1$ — Tafel a und b — und $G = \sqrt{\frac{2\,M}{P}}$ — Tafel c. —

Bestimmt man zum Ausbau der Leitpfade eine gewisse Breite des Pfades z. B. 1 m, dann ist bei einer Geländeneigung:

Tafel a.

von	70 %	die Abtragshöhe	0,70	m	die Erdbewegung		0,35	cbm
„	60 „	„ „	0,60	„	„	„	0,30	„
„	50 „	„ „	0,50	„	„	„	0,25	„
„	40 „	$(H = G \cdot P)$	0,40	„	$\left(M = \frac{G^2 \cdot P}{2} \cdot 1\right)$		0,20	„
„	30 „	„ „	0,30	„	„	„	0,15	„
„	20 „	„ „	0,20	„	„	„	0,10	„
„	10 „	„ „	0,10	„	„	„	0,05	„

Bestimmt man zum Ausbau eine gewisse Abtragshöhe, z. B. 30 cm, dann erzielt man bei einer Geländeneigung:

Tafel b.

von	70 %	die Abtragsbreite	0,43	m	die Erdbewegung		0,06	cbm
„	60 „	„ „	0,50	„	„	„	0,07	„
„	50 „	„ „	0,60	„	„	„	0,09	„
„	40 „	$\left(G = \frac{H}{P}\right)$	0,75	„	$\left(M = \frac{G^2 \cdot P}{2} \cdot 1\right)$		0,11	„
„	30 „	„ „	1,00	„	„	„	0,15	„
„	20 „	„ „	1,50	„	„	„	0,23	„
„	15 „	„ „	2,00	„	„	„	0,30	„
„	10 „	„ „	3,00	„	„	„	0,45	„

Beide Tafeln lassen erkennen, wie beim Bau von Leitpfaden nach gleicher Breite oder gleicher Abtragshöhe die Leistungen der Arbeiter sich erheblich mit dem Grad der Geländeneigung ändern — bei Tafel a liegt die Leistung zwischen 5 und 35, bei Tafel b zwischen 6 und

45 cbm — daß also weder **Breite** noch **Abtragshöhe** zu einem Maßstab für die Ausführung und Bezahlung dieser Arbeiten brauchbar sind.

Erwägt man, daß die handlichen Vorbereitungen zu der örtlichen Herstellung der Leitpfade für alle Neigungssätze, ob 10% oder 70% dieselben bleiben, dann kann nur die Bestimmung einer gewissen **Abtragsmasse** als der sicherste Maßstab, sowohl für die Arbeitsleistung, wie auch für die Bezahlung erachtet werden.

Bevor der Arbeiter den Leitpfad in Angriff nimmt, hat er von einem Standpunkt des Gefällmessers zum anderen die Berührungspunkte der Sehlinie mit dem Boden festzustellen, nach vorhergehenden Reinigung der Erdoberfläche von Boderüberzug bezeichnet er in dieser Linie mit kleinen Merkpfählen die Berührungspunkte und darauf beginnt die Arbeit. Das ist die besondere Arbeitsleistung, welche sich gleich bleibt, ob man 1 oder 3 m in das Gelände eindringt. Der Werth der Weiterarbeit kann am sichersten nach der Abtragsmasse beurtheilt werden. Daß Fels und Erdarbeiten verschiedenen Arbeitsaufwand verursachen, ist selbstredend.

Bestimmt man für den Ausbau von Leitpfaden, daß eine gewisse Erdmasse, z. B. 0,2 cbm, auf einer Pfadlänge von 1 m ausgehoben werden sollen, dann ergeben eine Geländeneigung von:

Tafel c.

70%	eine Abtragsbreite	0,76 m	eine Abtragshöhe	0,53 m
60 „	„ „	0,81 „	„ „	0,49 „
50 „	„ „	0,89 „	„ „	0,45 „
40 „	„ „	1,00 „	„ „	0,40 „
30 „	$\left(G = \sqrt{\frac{2\,M}{P}}\right)$	1,15 „	$\left(H = \frac{2\,M}{G}\right)$	0,35 „
20 „	„ „	1,44 „	„ „	0,28 „
15 „	„ „	1,63 „	„ „	0,24 „
10 „	„ „	2,00 „	„ „	0,20 „

Es ist selbstverständlich, daß auch eine andere Erdmenge der Berechnung zu Grund gelegt werden kann, 0,20 cbm auf 1 m Pfadlänge wird aber als sehr entsprechende Mittelzahl erachtet werden.

Die Leitpfade nach der Erdmassenbewegung herzustellen und zu vergeben ist für Arbeiter und Arbeitgeber gleich vortheilhaft. Was für 1 cbm derartiger Erdarbeit bezahlt wird, ist entweder bekannt oder nach den örtlichen Arbeiterlöhnen festzustellen, für beide Theile ist die Beurtheilung, ob das Arbeitsmaß erfüllt ist, auf Grund richtig berechneter Zahlen die denkbar leichteste. Mißt z. B. bei der Ausführung der Arbeiter seine Pfadbreite zu 81 cm und die Abtragshöhe mit 40 cm, so sieht er an der Hand des beigefügten Täfelchens, daß der Pfad noch etwas breiter werden muß, um die entsprechende Höhe zu erreichen, er erreicht beim Erbreitern seines Pfades auf 89 cm die entsprechende Höhe von 45 cm.

Täfelchen für Förster und Arbeiter.

Abtragsbreite:	0,76 m	Abtragshöhe:	0,53 m	ergeben 0,20 cbm Erdmasse.
„	0,81 „	„	0,49 „	
„	0,89 „	„	0,45 „	
„	1,00 „	„	0,40 „	
„	1,15 „	„	0,35 „	
„	1,44 „	„	0,28 „	
„	1,63 „	„	0,24 „	
„	2,00 „	„	0,20 „	

In den meisten Bezirken kommt kaum die Hälfte der Zahlen zur Anwendung, sie prägen sich rasch in das Gedächtniß des Försters und der Arbeiter ein.

Der Leitpfad muß in seiner Breite wagrecht hergestellt werden, eine Neigung nach der Bergseite ist durchaus zu verhüten, weil sie bei Regen oder Schneeabgang durch Fortführung des Wassers Beschädigungen herbeiführt, eine Neigung nach der Thalseite wird schon durch das Begehen der Pfade von selbst geschaffen, oft leider zu viel.

Der Abtrag darf nie zur Erbreiterung des Pfades verwendet werden, er wird ganz in das feste Erdreich gearbeitet, damit die äußere Pfadkante sich genau und sichtbar gegen das tiefer liegende Gelände abhebt. Der Erdabtrag wird 20 bis 30 cm tiefer als die Pfadhöhe und mindestens 0,5 bis 1 m vom Pfade entfernt angeschüttet. Bodenüberzug ganz bei Seite geschafft.

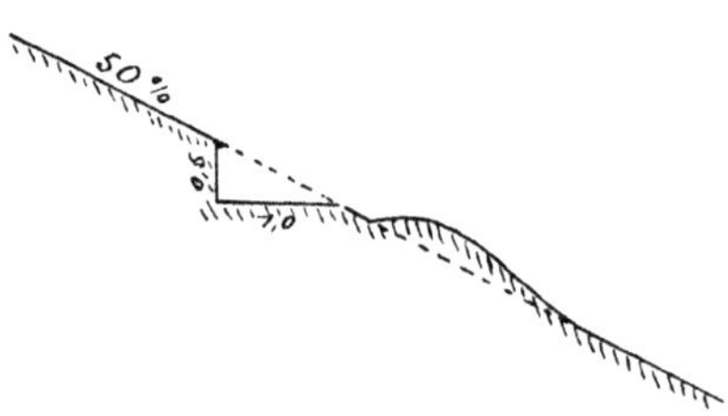

Fig. 21.

Bei Uebergängen über Gräben und Mulden muß der Leitpfad an dem Punkte aufhören, an welchem die Anschüttung des Ueberganges über die Vertiefungen beginnen soll. Müssen an einem Wegezug

Strecken abwechselnd als Wege des Gebirges und als Wege der Ebene gesichert werden, dann wird beim Aufhören des Leitpfades die Mitte des Wegzuges so genau als möglich bestimmt und das Wegstück der Ebene in der Mittelinie, wie es bereits gezeigt wurde, gesichert.

Bei den Arbeiten in der Provinz Hessen-Nassau wurden an einigen Orten im Gelände unter 20 % Neigung, wo eine genauere Sicherung erwünscht war, als sie das Verfahren mit Gräben und 0,7 m breiten Leitpfaden (welche Breite h. O. vorgeschrieben war) ermöglicht, die Sicherung durch stückweisen Ausbau der Wege in annähernd voller Breite hergestellt. Diese Wegstücke, 5 m lang, 4 m breit, in Abständen von etwa 50 m von fachkundiger Hand gelegt, dürfen als die genaueste Sicherung bezeichnet werden, weil sie gleichzeitig Richtung und Höhenlage der Wege festlegen, aber wenn der spätere Ausbau von nicht genügend geschulten Kräften ausgeführt werden muß, führt das Verfahren leicht zu Weiterungen.

V. Abschnitt.

Die Hauptregeln für Anlage von Waldwegen und Schneisen.

---

1. Die Neigung der Wege.

Das Maß der Neigung eines Weges wird verschieden ausgedrückt. Wie viele Meter eine grade Linie steigt oder fällt, bis sie die Höhe der Maßeinheit — 1 m — erreicht: + 1 : 100, — 1 : 215, ist die gebräuchliche Bezeichnung beim Eisenbahnbau.

Wie viele Grade der Winkel mißt, welchen ein geneigter Weg gegen die wagrechte Linie bildet : 1^0, 5^0, 6^0, ist mehr wissenschaftlicher Ausdruck.

Wie groß + oder — die Neigung einer graden Linie bei 100 Meter Länge ist: 1%, 5%, 6,5%, ist beim Wegebau die gebräuchlichste, auch die allgemein verständlichste Ausdrucksweise.

Bei Neuanlage von Wegen sollte nur eine Neigung von 0% bis 6% in Frage kommen. Was darüber geht, ist vom Uebel! aber auch damit muß man im Gebirge beim Wegebau in Ausnahmefällen rechnen.

Im allgemeinen ist der beste Weg der mit 0% verlaufende (Nullweg). Der Vortheil jeder Neigung bei der Thalfahrt, muß bei der Bergfahrt wieder zurückgegeben werden. Die Rückvergütung kommt bei starken Neigungen dem Fuhrmann in der Regel theuer zu stehen durch Mehrverbrauch an Zugthieren und an Schiff und Geschirr. Der Wege-Bauherr hat nur Nachtheile an dem geneigten Weg. Als Erdweg kann er, je höher der Neigungssatz, um so gefährlicher als Bodenräuber werden, und je steiler die Steinbahn, um so geringer die Dauer und erheblicher die Unterhaltungskosten.

Mit dem Nullweg kommt man aber nicht vom Berg zum Thal.

Jeder Meter Nullfahrt, wenn sie nicht in der Absatzrichtung liegt, ist eine Versäumniß. Man kann also im Gebirge nur beschränkt von ebenen Wegen Gebrauch machen, sie nur zur Abgrenzung der Abtheilungen, zu Durchforstungswegen, zur Verbringung des Holzes an die Sammelstellen und Graden Abfuhrwege, sowie zu gleichwerthiger Verbindung verschiedener Absatzrichtungen verwenden.

Allerdings Zwecke genug!

Weise Sparsamkeit bei Anwendung des Neigungssatzes ist bei der Wegenetzlegung eine Tugend zu Nutz und Frommen der Fuhrleute und Waldbesitzer. Diese beiden Nächstbetheiligten haben sich, meiner Erfahrung nach, über die in der Regel nicht zu überschreitenden Neigungssätze für die Graden Abfuhrwege längst geeinigt. Ein weiteres Suchen nach dem Stein der Weisen wird in dieser Frage schwerlich zu einem anderen Ergebniß führen.

Für Grade Abfuhrwege, auf welchen Lasten gleichzeitig zu Berg und Thal gefahren werden, soll man bei Neuanlagen nicht über 5% gehen, dagegen können Wege, auf denen vorzugsweise mit Last bergab gefahren wird, auch noch mit 6% geleitet werden.

Wenn man für diese Wege mit gedachten beiden Neigungssätzen bei einer Wegnetzlegung auskommen kann, erachte ich sie für die „höchstzulässigen", sie müssen dann aber auch verbraucht werden, denn es ist stets im Auge zu behalten, daß im Gebirge jeder zu Thal führende Weg mit geringerer als der höchstzulässigen Neigung, sobald er nicht in der Absatzrichtung liegt, ein Umweg ist.

Bei höheren Neigungssätzen wird auch das Belegen mit Schienengeleisen immer mißlicher, bei dem Fluge der Jetztzeit soll man sich für alles Mögliche waffnen.

Zu Wegen mit Noth-Neigungssätzen von 7 bis 9% wird man in steilen Gebirgslagen zuweilen gezwungen, wenn z. B. zwei gegebene unverrückbare Punkte verbunden werden sollen, für die es andere Auswege nicht giebt und wegen der Steilheit des Geländes Wendeplatten nicht ausführbar sind.

Noch am ehesten kann man in steinigem Gelände Wege, welche nicht mit Steinbahnen versehen werden sollen, mit Nothneigungssätzen anlegen, wenn man sie genügend mit Steinschwellen verbaut. (Darüber beim „Ausbau".)

Anlagen über 10% sind Holzschleifen und Rutschen, die nur auf festem steinigen Boden zu dulden sind.

Maßgebend für Anwendung der Neigungssätze sind besonders die Bodenverhältnisse eines Arbeitsfeldes und das Vorkommen zum Wegebau geeigneter Steine und weiter, ob ein Härten aller Wege geboten ist oder ob man im Großen und Ganzen sich auf das Härten der Wege mit starker Neigung, also besonders der Graden Abfuhrwege beschränken kann. Der letztere Fall wird in den meisten größeren Gebirgen vorkommen, und dann ist es angezeigt, den zu härtenden Wegen die höchstzulässige Neigung zu geben (nicht über 6%) die Wirthschaftswege aber mit möglichst niederen Neigungssätzen anzulegen.

Daß schließlich bei der Anlage und dem Ausbau der Wege der geringere und stärkere Gebrauch von Einfluß sein kann, ist nur anzudeuten und soll bei „dem Ausbau" eingehender behandelt werden.

2. Die Wegkrümmungen.

Ein durch gebirgiges Gelände hinziehender Weg beschreibt naturgemäß krumme Linien, aber selten regelmäßige, meist, durch den Wechsel der Ausformungen vorgeschriebene, unregelmäßig verlaufende. Bei den Wegabsteckungen wird schon darauf geachtet, kleine Streckungen anzuzeigen, aber das Herstellen möglichst regelmäßiger Bogenlinien und Krümmungen kann erst bei dem Ausbau erreicht werden. Die Leitpfade sichern nur in wenigen Fällen die zu erstrebenden Wegzüge, sondern in erster Linie die Höhenlage derselben, worauf nicht oft genug hingewiesen werden kann, weil zu häufig das erstere außer Acht gelassen wird.

In den meisten Fällen können beim Ausbau unter sachverständiger, geschickter Leitung annehmbare Bogenlinien nach dem Augenmaß hergestellt werden, nur bei Anlage von Wendestellen und Wendeplatten, beim Ueberschreiten enger, tiefer Thäler, bei Umführung der Wege um scharfe Rücken ist es oft geboten, vor dem Ausbau die Krümmungen örtlich abzustecken.

Ueber das Abstecken der Wegkrümmungen und die Bestimmung der kleinsten Halbmesser bei Wendungen und Schlangenlinien hat schon 1864 Eduard Heyer (Gießen, J. Ricker's Verlag) auf 72 Druckseiten mit 41 besonderen Zeichnungen mit vielem Fleiß und rechnerischem Aufwand 56 Formeln entwickelt.

Dieselben Fragen behandelt auch K. Schuberg (Berlin 1873, Jul. Springer's Verlag) auf ebenfalls 72 Seiten mit 55 in den Text gedruckten Zeichnungen. Er folgt dabei im Großen und Ganzen den Ausführungen E. Heyer's, bezeichnet diese auf Seite 236 als eingehende Entwicklungen und sagt schließlich: „zu brauchbaren Erfahrungszahlen müßte man auf dem Wege des Versuchs gelangen".

Zu einem zufriedenstellenden Abschluß bei Bestimmung der kleinsten Halbmesser bei Wegkrümmungen sind beide nicht gekommen. Die Lösung der Frage zur allgemeinen Anwendbarkeit ist auch unmöglich, weil in den meisten Fällen die mitbestimmenden Größen verschiedene sind, also die gleiche Grundlage hierzu fehlt. Die Berechnung ändert sich nicht allein für jeden Unterschied im Bau der Wagen und ihrer einzelnen Theile — es ist auch zu beachten, ob mit feststehenden oder verstellbaren Hinterachsen, ob einfache oder doppelte Vorderwagenlänge, ob bei Vorder- oder bei Hinterwagen oder bei beiden Ablenkung vorgesehen ist, welcher Ablenkungswinkel (zwischen 18⁰ und 30⁰) bei den einzelnen Wagen möglich ist, der verschiedenen Unterschiede in dem Maß der übrigen Wagentheile gar nicht zu gedenken — auch für die Wegbreiten-Unterschiede und ob die Wege begrenzte oder unbegrenzte Kanten haben, und schließlich für die verschiedenen Längen der Wagenladungen sind besondere getrennte, weitläufige Berechnungen erforderlich.

Um Anhaltspunkte zu liefern, entwickelt Schuberg (Seite 231 und 232)

a) die Formel

$$r = \frac{l^2}{4b} - \frac{b}{4}$$

wobei r den mittleren Bogenhalbmesser, l die Länge des bespannten Fuhrwerks und b die nöthige Wegbreite bedeuten. Dabei hält er für unbedenklich für manche Fälle $-\frac{b}{4}$ außer Rechnung zu lassen.

L. Dengler hatte schon 1863 in seiner Weg-, Brücken- und Wasserbaukunde (Stuttgart, E. Schweizerbart'scher Verlag) Seite 54 folgende, angeblich in Hannover vorgeschriebene Formel angeführt:

b) $$r = \frac{l^2}{2b}$$

In seinem Beispiel nimmt er 18 m für l, 6 m für b an, wonach sich der kleinste Halbmesser

$$r = \frac{18^2}{2.6} = \frac{324}{12} = 27 \text{ m berechnet.}$$

Diese an anderen Orten mit dem Zusatz $-\frac{b}{2}$ also

c) $$r = \frac{l^2}{2b} - \frac{b}{2}$$

angegebene Formel gründet sich auf die Entwicklungen von E. Heyer. Auf Seite 134 und 141 giebt er für 10,4 m Länge der Wagenladung und 5 m

Wegbreite den äußeren Krümmungshalbmesser mit 8,3 m an, die Formel c,
$r = \frac{l^2}{2\,b} - \frac{b}{2} = \frac{10{,}4^2}{2\,.\,5} - \frac{5}{2} = \frac{108{,}16}{10} - 2{,}5$ giebt genau 8,3 m.

Berechnet man die beiden angeführten Beispiele nach den drei angegebenen Formeln, so erhält man Ergebnisse, welche nahezu um die Hälfte auseinandergehen. Sie sind dadurch keineswegs Vertrauen erweckend. [1])

Die Frage der kleinsten Krümmungshalbmesser für Wegbiegungen gewinnt mit dem Fortschreiten der Nutzholzzucht, namentlich in den Nadelholzwäldern immer größere Bedeutung. Mit dem Steigen der Geländeneigung werden die Bauten fortschreitend schwieriger und theuerer und die Herstellung von Wendestellen kommt überhaupt in Frage, wenn das Gelände so steil wird, daß der Erdabtrag bei der Anschüttung keinen Halt mehr bekommt nnd die ganze Ausführung in den festen Boden gelegt werden muß. Man wird in den meisten Verwaltungsbezirken bei einer Wegkronenbreite von 6 m mit einem auf die Wegmitte berechneten Krümmungshalbmesser von 15 bis 21 m ausreichen, fürsorglich sieht man aber darauf, daß solche Lagen für Wendestellen ausgewählt werden, welche im Bedarfsfalle eine Erweiterung gestatten.

Zu der örtlichen Absteckung von Wendeplatten sind bei der Sicherung durch Leitpfade die erforderlichen Anhaltspunkte gegeben. In Wegen mit Neigung sind die Wegkreuzungen durch 30 bis 40 m lange Strecken mit 0 % niedergelegt. Da wo die Wegachse dieser Nullstrecken sich mit der Mitte der Wegbreite kreuzt, liegt der Mittelpunkt für den Kreis, welcher die Wendeplatte umgrenzen soll. Er verschiebt sich nur dann nach der Bergseite, wenn zur Herstellung der Wendeplatte die Masse des Abtragkörpers nicht ausreicht. Mit dem Steigen der Geländeneigung nimmt diese erforderliche Verschiebung zu. (Siehe Fig. 22.)

Vor dem Ausbau sind die Wendeplatten von aufstehendem Holz zu befreien, ihre Flächenabgrenzung ist dann eine einfache Arbeit. Mit einem Drathseil (Hanfleinen ziehen sich) in der Länge des anzuwendenden Halbmessers, welches mit einem Ende auf dem Mittelpnnkt befestigt wird,

---

[1]) Ueber Wegkrümmungen hat der sächsische Bauinspektor W. Schiege (Freiburg bei Craz & Gerlach 1896) ein Schriftchen geliefert. In 33 Formeln giebt er die Unterlagen an die Hand, in welcher Weise Wegkrümmungen unter den verschiedensten Verhältnissen am zweckmäßigsten zu gestalten sind. Er betont aber, daß die Frage, ob und bis zu welchem Grade bestehende Wegkrümmungen Langholzwagen von bestimmten Abmessungen noch Durchlaß zu gewähren vermögen, deshalb mannigfache Schwierigkeiten bietet, weil die Abmessungen der vorkommenden Wagen sehr verschiedene sind und das Rechnungsverfahren selbst sehr zeitraubend und umständlich ist.

beschreibt man die Kreislinie und sichert sie durch Pfähle. Man kann sie auch durch Niederlegung von Halbmessern mit Meßkette oder Latte nach allen Seiten so oft festlegen, als zum Ausbau erforderlich ist.

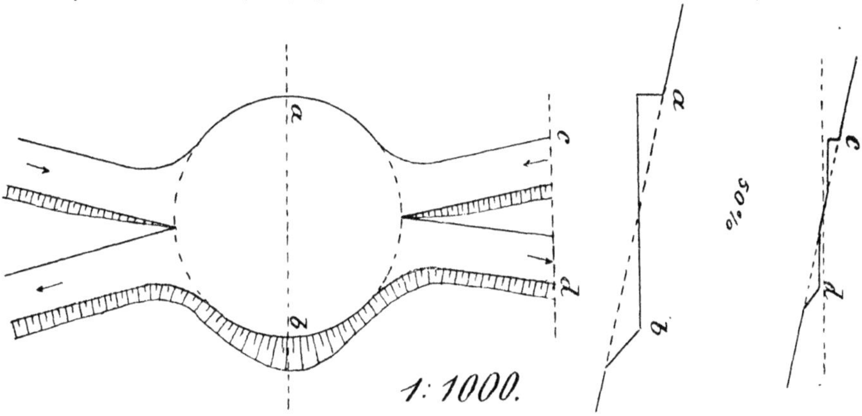

Fig. 22.

Wenn man eine Wegekrümmung genauer als es mit dem Augenmaß geschehen kann oder auch mit einem bestimmten Krümmungshalbmesser abzustecken hat, reichen folgende bekannte Verfahren aus:

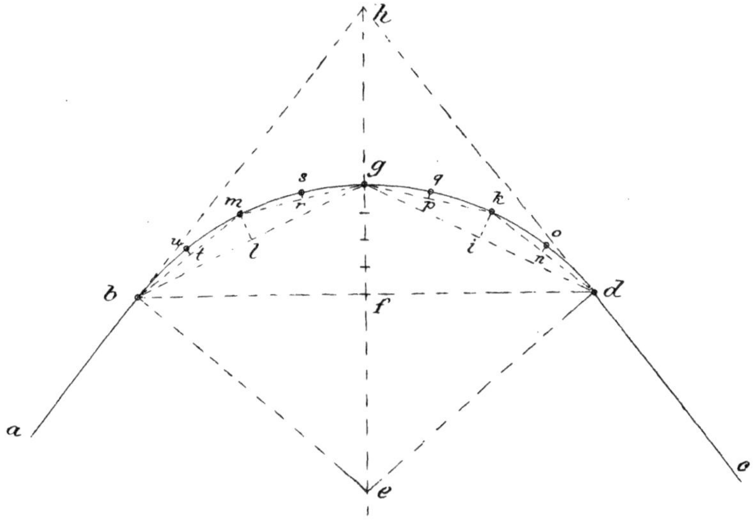

Fig. 23.

Man verlängert die beiden Außengrenzen a b und c d zweier Wegstrecken bis zu dem Treffpunkt h, halbirt die Linie b d in f. Auf der Verlängerung von h f bestimmt man den Mittelpunkt e, indem man soweit zurückgeht bis die Halbmesserlänge die graden Linien a h und c h rechtwinkelig trifft oder von d und b aus errichtete Senkrechte auf diesen Linien sich in der Verlängerung der Linie h f schneiden. Bestimmt den Punkt g = e b und e d, zieht die Linien b g und d g, halbirt sie, errichtet in l und i senkrechte Linien, trägt auf diese $\frac{f\,g}{4}$, erhält dadurch die Punkte m und k der gewünschten Kreislinie. Durch Theilung der Linien b m, m g, g k und k d und Errichtung von Senkrechten auf ihre Mitte und Auftrag von $\frac{m\,l}{4}$ oder $\frac{i\,k}{4}$ werden weitere Punkte u s q o im Kreisbogen bestimmt. Man kann auf diese Weise weiter verfahren, wenn mehr Punkte in der Kreislinie nöthig sind.

Ist ein Krümmungshalbmesser nicht vorgeschrieben, soll er nach der Oertlichkeit bestimmt werden, dann ist die Lage und die Entfernung des Kreisbogens von dem Punkte f auf der Senkrechten f h festzulegen, im Uebrigen wie gezeigt zu verfahren. Wenn der gewählte Punkt unterhalb g liegt, wird der Bogen flacher, liegt er oberhalb g, dann wird der Krümmungshalbmesser kleiner.

Im Walde, gleichviel ob Dickung oder älterer Bestand, ist man bei allen feldmesserischen Ausführungen, welche zur Absteckung und dem Aufhieb von Hilfslinien nöthigen, sehr behindert. Die Anwendung solcher Linien soll man auf das unvermeidliche Maß beschränken. Aufhiebe kreuz und quer im jungen Holz beleidigen nicht allein das Auge, sie schaden auch oft, daher verdient das sog. Coordinaten-Verfahren da, wo man mit ihm auskommen kann, den Vorzug, auch schon aus dem Grunde, weil besondere Feldmesser-Ausbildung dazu nicht erforderlich ist und durch Uebung von jedem anstelligen Vorarbeiter erlernt werden kann. Nicht durch genaue Herleitung oder Berechnung, nur durch Versuchen und gegebenen Falles Verbessern erreicht man schließlich bei gedachtem Verfahren das Ziel.

Ein Leitpfad a b c d verläuft in unregelmäßigen Krümmungen, sie sollen in einem regelmäßigen Bogen in den Theil c d des Pfades geführt werden. In der Regel wählt man bei einem Krümmungshalbmesser von etwa 100 m und mehr als ständige Abscisse 20 m, bei kleineren Halbmessern 10 m und 5 m. Das gewählte Beispiel ist mit einer Abscisse von 20 m und einer Ordinate von 4 m, welche man nach dem Augenmaß schätzt, durchgeführt. Bei der Bestimmung des ersten Bogenpunktes und des letzten, bezw. der schließlichen Einführung, also bei den Punkten 1 und 8 der Zeichnung nimmt man nur die Hälfte der gewählten Ordinate.

In die Verlängerung der Linie a b wird von dem Punkte b ab die Abscisse von 20 m aufgetragen und vom Endpunkt derselben mit der halben Ordinate $\left(\frac{4}{2}\right)$ von 2 m der erste Bogenpunkt 1 bestimmt. In die Verlängerung von b 1 trägt man von 1 ab die Abscisse 20 m auf und bestimmt an ihrem Ende mit der Ordinate 4 m den zweiten Bogenpunkt 2. In letzterer Weise werden, wie die Zeichnung erkennen läßt, die Bogenpunkte 3 bis 7 festgelegt und der letzte Punkt 8 wieder mit der halben Ordinate bestimmt. Fällt bei einem ersten Versuch der letzte Punkt 8 innerhalb den Kreis, bezw. die zu erstrebende Stelle, dann ist die Ordinate dem Unterschied entsprechend zu verkleinern, im Gegenfall zu vergrößern.

Bei der Draußenarbeit vollzieht sich die Ausführung sehr rasch: A geht mit dem Maß der Ordinate und paar Stäben voran, bestimmt die Lage der Verlängerung, B legt mit zwei Meßlatten die Abscisse nieder, A bezeichnet den Endpunkt der Abscisse und

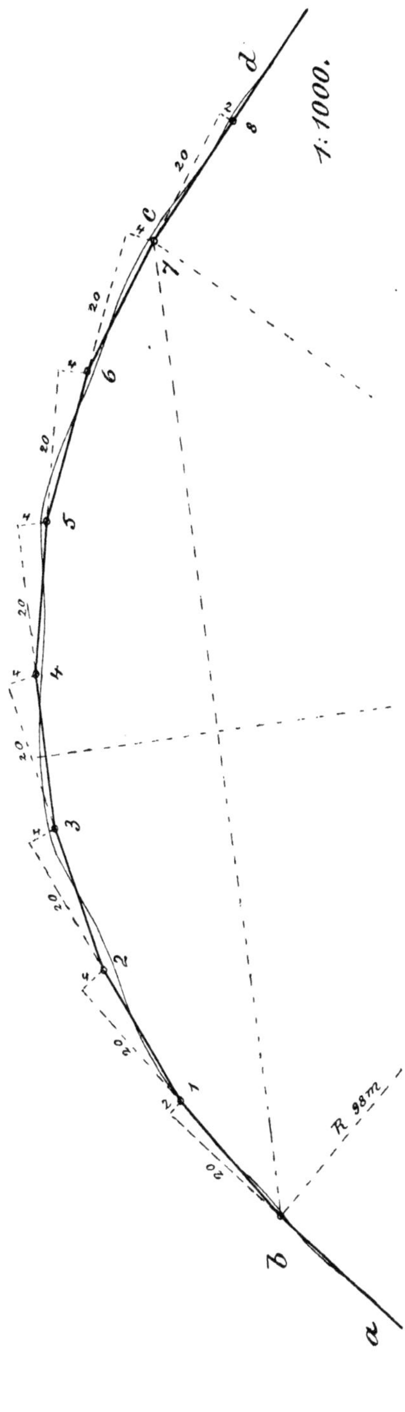

Fig. 24.

mit seinem Maß die Ordinate, wobei der rechte Winkel bei kurzer Entfernung geschätzt werden kann.

Aus der Zeichnung A kann man entnehmen, wie unregelmäßige Wegkrümmungen mit wechselnden Krümmungshalbmessern in einigermaßen regelmäßige Bogen, durch diesem Wechsel angepaßte Ordinaten verwandelt werden können.

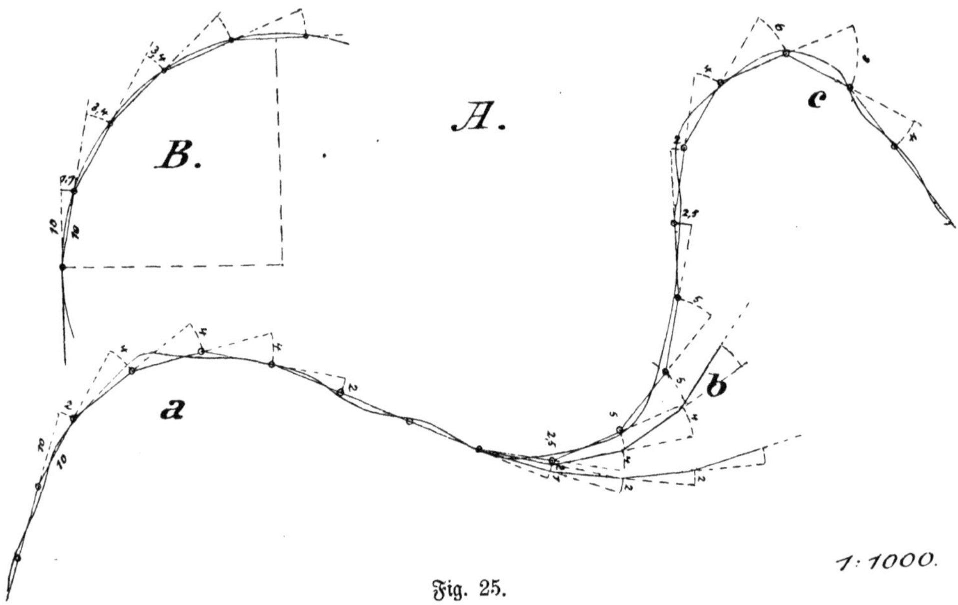

Fig. 25.

Bei a ist mit einer Abscisse von 10 m und der Ordinate von 4 m ein regelmäßiger Bogen hergestellt. Bei der Wendung der Wegabsteckung auf die entgegengesetzte Seite sind durch die Zeichnung bei b die Versuche der Weiterarbeit angedeutet. Die erste Ordinate von 2 m erwies sich als viel zu klein, auch die Ordinate von 4 m reichte noch nicht, erst mit einer solchen von 5 m wurde ein regelmäßiger Bogen nahe der abgesteckten Weglinie erzielt.

In der noch stärkeren Krümmung mit sehr unregelmäßigem Verlauf des Leitpfades bei c wurde durch den Versuch mit den ungleichen Ordinaten von 2, 4, 6, 8, 4 m ein einigermaßen annehmbarer Bogen, welcher nicht zu weit von der Absteckung entfernt ist, erreicht. Bei Abscissenlängen von 10 m und 5 m kann man die Bogenpunkte mit der Abscissenlänge bestimmen und von einem rechtwinkeligen Ablegen der Ordinate absehen.

Zeichnung B zeigt, daß bei dem Uebergang aus einer geraden Linie in einen Kreisbogen die erste Ordinate die Hälfte der zweiten und folgenden sein und beim Schluß des Halbkreises wieder die halbe Ordinate verwendet werden muß[1]).

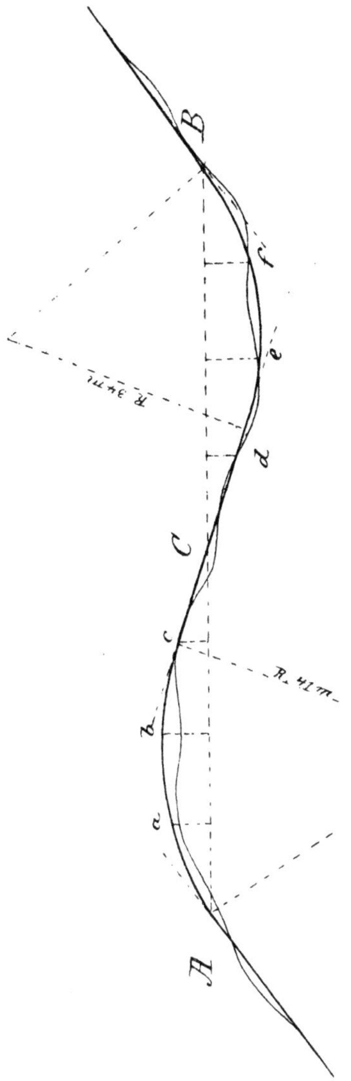

Fig. 26. 1:1000.

In unregelmäßig verlaufenden Wegelinien mit Bogen und Gegenbogen, bei denen unterstellt werden kann, daß sie vielleicht demnächst oder später mit Schienen belegt werden, ist es rathsam vor dem Ausbau durch Anfertigung eines Grundrisses den erwünschten Bogen festzustellen.

Zwischen den Wegpunkten A und B liegt eine Strecke, in welcher das Gelände einen Gegenbogen vorschreibt. Zur Anfertigung eines Grundrisses ist die Linie A B abzustecken, wodurch der Punkt C der Wegabsteckung oder Sicherung bestimmt wird, dann sind die Linien A C und C B in die nöthige Anzahl gleicher Theile zu theilen und aus diesen einzelnen Punkten mit Senkrechten die Wegabsteckung festzulegen. Nach Aufmessung der Punkte und Linien kann ein Grundriß gefertigt, der regelmäßige Bogen dargestellt und örtlich niedergelegt werden.

Erschweren Hindernisse die gerade Linie A B abzustecken, dann muß die Absteckung oder der Leitpfad durch einen Poligonzug festgelegt, danach der Grundriß her-

1) Siehe auch Schuberg's Waldwegebau, § 63.

gestellt und der Bogen bestimmt werden. Oertlich werden dann die Bogenpunkte aus den Meßlinien bestimmt.

3. Die Breite der Waldwege, die Maße der Fahrbahnen, Fußbahnen, Gräben und Böschungen.

Zu dem Begriff „Weg" rechnet die Fläche, welche erforderlich ist, ihn dauernd in einem seinem Zweck entsprechenden, brauchbaren Zustand zu erhalten.

Ein Weg setzt sich zusammen aus dem mittleren Theil, der Fahrbahn und aus den beiden seitlichen Fußbahnen, welche zusammen mit der Fahrbahn die Wegkrone bilden. Bei dem Verlauf in ebenem Gelände kommen beiderseits die Gräben hinzu, in geneigter Lage auf der oberen Bergseite, wenn erforderlich ein Graben und die aufsteigende Böschung, auf der Thalseite nur die abfallende Böschung. Zu den Böschungen rechnen die Flächen, welche nöthig sind, sie haltbar herzustellen und zu erhalten.

Im Walde an der Wegbreite zu sparen, ist Sparsamkeit am verkehrten Ort. Für die Benutzung und Instandhaltung, gleichviel ob Erdbau oder Steinbahn, ist die wesentlichste Forderung, daß ein Weg trocken gehalten wird, im Walde ist dieses nur bei einer angemessenen Breite möglich.

Bei einer geordneten Wirthschaft soll der Waldweg nicht allein zum Fortschaffen der Walderzeugnisse dienen, er soll sich auch dadurch noch bezahlt machen, daß er zeitweise zur Aufstapelung eines Theils der Holzernte verwendet wird. Für das auf dem Wegrand — den beiden Fußbahnen — sitzende Holz kann und wird der Holzkäufer mehr bezahlen, als für das an schwer erreichbaren Stellen stehende. Der Fuhrmann kann in kürzerer Zeit und ohne eine zweite Person zu verwenden, die meisten Holzsorten allein aufladen und fortschaffen. Das Holz, welches nicht auf dem Stapelplatz geladen werden kann, also noch aus dem Walde zum Wagen getragen werden muß, verursacht den einzelnen Käufern ungleich größere Geldausgaben, als dem Waldeigenthümer, wenn er dieses Verbringen an die Wege bezw. an die fahrbaren Orte gleich nach der Formung von den Waldarbeitern ausführen läßt.

Der regelrechte Wegebau im Walde ist noch neu und noch in der Entwicklung begriffen, er verursacht große Kosten, daher findet man in allen Waldungen meistens noch unfertige Wege, man begnügt sich noch häufig mit theilweisem Ausbau, welcher oft nur mit knapper Noth die

Abfuhr des Holzes gestattet. Die Ansichten über die wichtigsten Grundsätze in der Waldwegebaufrage haben sich noch nicht geläutert, man hört noch die widersprechendsten Auffassungen und die Ausführungen in den Waldungen sind ein Abklatsch dieser verschiedenen Meinungen. Wenn auch der Werth guter Waldwege nicht verkannt wird, so fehlt doch noch eine regere Antheilnahme der Mehrheit der Beamten an der Klärung dieser wichtigen Frage, wichtig nicht allein, weil sie zur Steigerung der Einnahmen aus dem Walde fähig ist, viel wichtiger, weil sie, wenn ihr die nöthige allgemeine Beachtung versagt bleibt, zu einer forstlichen Last ersten Ranges heranwachsen und den Reinertrag erheblich mindern wird.

Die Ansicht „Wege bauen kann ja jeder Arbeiter" muß erst gründlich widerlegt, dieser Irrthum aber auch erkannt und beherzigt werden.

Bei dem Bau der Landwege wird als Mindestbreite der Fahrbahn, welche mit einer Steinbahn versehen wird, 4 m angenommen. Bei unseren Waldwegen werden wir mit 3,5 m auskommen, weil sich in der Mehrzahl mit beladenen nur leere Wagen kreuzen. Für Fußbahnen ist in bindigem oder steinigem Boden zum Schutze und zum Halt der Steinbahn mindestens eine Breite von je 1 m erforderlich, in leichtem und sandigem Boden ist es rathsam, sie breiter — mindestens 1,25 m — anzulegen. Den Weg gleichzeitig zur Aufstapelung des Holzes brauchbar zu gestalten, müssen Fußbahnen von mindestens 1,25 m Breite geschaffen werden. Die Brauchbarkeit der Wege zur Aufstapelung des Holzes herbeizuführen, verursacht demnach eine Mehrbreite der Wegkrone von 0,5 m. Angesichts der Arbeiterverhältnisse, welche sich schwerlich zu Gunsten der Waldwirthschaft wesentlich bessern werden, wird man nicht versäumen wollen, den kostspieligen Waldweg doppelt dienstbar herzustellen, es wäre aber an der Zeit darüber genaue Bestimmungen zu erlassen, welche wir bis jetzt noch entbehren.

Zur Abgrenzung und zum Schutz der Wegkrone dienen in ebener Lage die beiderseitigen Gräben; ihre Breite und Tiefe wird von den verschiedenen Zwecken, denen sie dienen sollen, beeinflußt.

Zum einfachen Schutz der Wegkrone kann in bindigem Boden eine Mindestbreite von je 1 m, in leichtem Boden von 1,2 m ausreichen, sollen die Gräben auch zur Trockenhaltung der Wegkrone dienen, dann wird ihre Breite von der erforderlichen Tiefe abhängen, muß der Grabenaushub zur Ausformung der Wegekrone verwendet werden, dann hängen Breite und Tiefe von dem Maß der zu gewinnenden Erdmenge ab.

Das Maß und die Form aller Gräben bestimmt noch besonders die Bindigkeit des Bodens, in einem festen und strengen Boden genügt eine Böschung von $45^0 = {}^1/_1$ oder ${}^4/_4$, in einem lockeren und losen Boden ist eine solche von mindestens ${}^5/_4$, oft von ${}^6/_4$, zur Haltbarkeit erforderlich.

Die Zeichnung wird die verschiedenen Formen und Unterschiede versinnlichen.

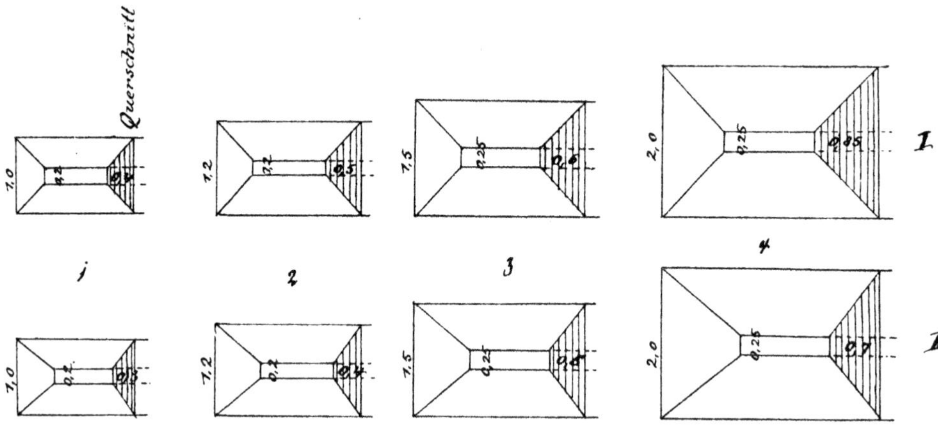

Fig. 27.

I. Bei einer Böschung von ${}^4/_4$ sind die häufigsten Formen durch folgende Formeln ausgedrückt:

$$1.\quad \frac{1}{0{,}2}0{,}4 = \frac{1\text{ m obere Breite}}{0{,}2\text{ m unt. Breite}} \cdot 0{,}4\text{ m Tiefe} = 0{,}24\text{ cbm Aushubmasse},$$

$$2.\quad \frac{1{,}2}{0{,}2}0{,}5 = \frac{1{,}2\text{ m obere Breite}}{0{,}2\text{ m unt. Breite}} \cdot 0{,}5\text{ m} \quad \text{„} \quad = 0{,}35\text{ cbm} \quad \text{„}$$

$$3.\quad \frac{1{,}5}{0{,}25}0{,}6 = \frac{1{,}5\text{ m obere Breite}}{0{,}25\text{ m unt. Breite}} \cdot 0{,}6\text{ m} \quad \text{„} \quad = 0{,}53\text{ cbm} \quad \text{„}$$

$$4.\quad \frac{2}{0{,}25}0{,}85 = \frac{2\text{ m obere Breite}}{0{,}25\text{ m unt. Breite}} \cdot 0{,}85\text{ m} \quad \text{„} \quad = 0{,}96\text{ cbm} \quad \text{„}$$

II. Bei einer Böschung von ${}^5/_4$:

$$1.\quad \frac{1}{0{,}2} \cdot 0{,}3 = 0{,}18\text{ cbm Aushubmasse}$$

2. $\frac{1,2}{0,2} \cdot 0,4 = 0,28$ cbm Aushubmasse

3. $\frac{1,5}{0,25} \cdot 0,5 = 0,44$ cbm "

4. $\frac{2}{0,25} \cdot 0,7 = 0,79$ cbm "

Die haltbarste Form für Weggräben im Walde, welche auch beim Ueberschreiten — durch zwei Schritte — am wenigsten leidet, ist die nach Formel II, 3 aufgeführte.

Zur Haltbarkeit der Gräben trägt bei, die Maße der unteren Breite nicht zu überschreiten, eher zu mindern.

Im geneigten Gelände sind zur Abgrenzung der Wegkrone Gräben nicht erforderlich, sie wird auf der Bergseite durch die aufsteigende, nach der Thalseite durch die abfallende Böschung genügend abgegrenzt. Wenn auf der Bergseite Gräben angelegt werden, geschieht es lediglich zwecks Regelung des Wassers. Diese Gräben können auch mit geringerer Breite und Tiefe ausgehoben werden, etwa die Hälfte der Formeln I und II.

Bei den Wegböschungen kommt es nicht so genau auf die Anwendung eines bestimmten Maßes an, wie bei den Gräben. Die aufsteigende Böschung eines Weges muß so lange abgeflacht werden, bis ihre Oberfläche einen genügenden Halt hat. Im Gestein ist oft geringe, streckenweis bei festen Felsen gar keine Böschung erforderlich, an solchen Stellen genügt oft senkrechter Abbau bis zur Grenze der Wegkrone. Im bindigen Boden wird bis $^4/_4$, im lockeren Erdreich bis $^5/_4$, höchstens bis $^6/_4$ Böschung ausreichen. Der Maßstab für den Wegebauer ist, eine obere Böschung herzustellen, welche die Wegkrone bezw. ausgeführte Gräben vor Verschüttungen behütet und bei den unteren Böschungen den Rand der Wegkrone vor Senkungen schützt. Ist das Gelände so steil, daß durch Anschüttung eine feste Wegbreite nicht mehr erzielt wird, dann muß die Wegkrone ganz ins feste Erdreich eingebaut werden. (Siehe Fig. 28.)

Die Zeichnungen stellen die Grundriß-Breiten regelrechter Waldwege für Ebene und Gebirge dar, mit Angabe der Maße der einzelnen Theile.

Der zur Abgrenzung der Abtheilungen dienende ausgebaute Waldweg hat nach dem Vorgeführten im Gelände unter 10% Neigung als mustergiltige Breite: 6 m Krone und 3 m beiderseitige Gräben — zusammen 9 m — und bei ordnungsmäßigem Holzanbau je 1 m vom Grabenrand beginnend, wird eine von Holz freie Fläche von 11 m Breite geschaffen. (Am Schreibtisch erscheint das viel, im Walde ist sie häufig größer.)

Diese **Eintheilungs-Wege** geben also auch die regelrechten **Judeich**'schen bleibend holzleeren **Wirthschaftsstreifen** ab, für welche er im Hochwaldbetrieb eine Mindestbreite von 10 bis 12 m vorschreibt.

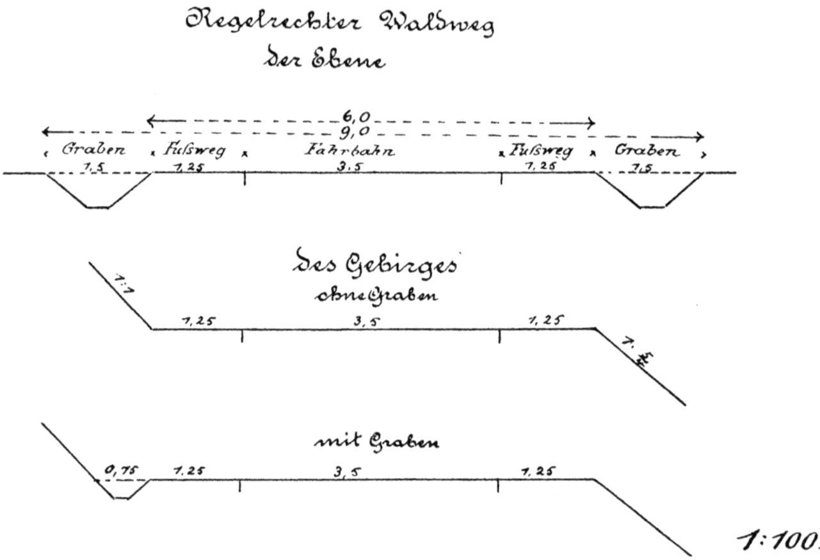

Fig. 28.

Wenn auch im Gelände über 10 % der fertig ausgebaute **Eintheilungsweg** nur 6 m Kronenbreite und bei einer oberen Graben anlage etwa 6,7 m Breite erhält, auch in steilem noch weniger, so entstehen doch die für Wirthschaftsstreifen erforderlichen holzleeren Breiten durch die Herstellung der Böschungen.

4. Die Breite der Schneisen.

Die Schneisen, welche zur Festlegung der natürlichen Grenzen: der Thal- und Rückenlinien gelegt wurden und fahrbar sind, erhalten die Breite der Eintheilungswege.

Die künstlichen Schneisen, welche die Abtheilungen hauptsächlich nach der Himmelslage und theilweise nur nach der Flächengröße trennen, schneiden die Eintheilungswege meistens nahezu rechtwinkelig. Sie sind nicht allein die Grenzen der kleinsten Wirthschaftsflächen, oft auch von Hiebszügen und von Betriebsklassen, daher ist auf Erhaltung ihrer geometrischen Lage durch dauernd feste Begrenzung, auf richtigen Ausbau, Erhaltung und Pflege ihrer Flächen Gewicht zu legen.

Bisher mußten in den meisten Gebirgsforsten, theils wegen Mangel an Wegen, theils weil die vorhandenen alten zu Hohlwegen ausgefahren worden waren, die sämmtlichen Schneisen zur Holzabfahrt benutzt werden, es ereilte aber viele schließlich dasselbe Loos wie die Wege, wodurch sie bei Erneuerung von Betriebsplänen verlassen werden mußten, denn einen ausgefahrenen Weg oder eine solche Schneise wieder fahrbar herzustellen, kostet wegen des stattgehabten Bodenraubes allein schon das Vielfache einer Neuanlage auf unbeschädigtem Boden. Eine Wiederherstellung solcher ausgefahrener Wege oder Schneisen durch Entnahme des seitlichen Mutterbodens, ist noch weniger empfehlenswerth, weil durch diese Art der Ausbesserung vielfach breite ertraglose Flächen geschaffen werden.

a) Bei den künstlichen Schneisen im Gebirge sind zu unterscheiden: fahrbare bis höchstens 9% und sog. nicht fahrbare mit 10% und darüber.

Von den fahrbaren sind solche mit mäßiger Neigung (bis 6%) zuweilen als Glieder des Netzes der Graden Abfuhrwege angenommen, z. B. Tafel 3 Zeichnung I, die Schneise zwischen den Abtheilungen $\frac{179}{143}$, welche in den Fallwegen Nr. 10 und Nr. 30 ihre Fortsetzungen findet. Solche Schneisenstrecken sind bezüglich Breite und Ausbau wie diese Wege zu behandeln.

Die sonstigen fahrbaren Schneisen erhalten ebenfalls die Breite der Wegkronen — 6 m ausschließlich der Gräben — weil sie demselben Zweck dienen, wenn auch nur in weit geringerem Maße. Sie brauchen vielfach nicht vollständig gehärtet zu werden, nur in Ausnahmefällen bei tiefgründigem, feuchten und nassen Boden, weil nur in Zeitabschnitten der Bestandespflege das aus den beiderseitigen Abtheilungen aufgestapelte Holz auf ihnen bis zum nächsten Weg abgefahren wird.

Weder zur Durchfahrt beladener Wagen aus den höheren Schichten, noch zur Auffahrt leerer Wagen in diese, darf man die Schneisen hergeben, weil sonst dem Waldeigenthümer auf die Dauer unverhältnißmäßig hohe Unterhaltungskosten erwachsen würden. Die Mehrzahl dieser Schneisen müßten dann auch gehärtet werden und das wäre bei einem vollständigen Wegnetze zu viel verlangt. Einwendungen von

Fachgenossen gegen diese Verbote: „Die Fuhrleute werden doch durchfahren, wenn es näher ist“ konnte Verfasser nur entgegnen: „Traurig! wer in seinem Amte Ordnung herzustellen und aufrecht zu erhalten nicht versteht!“

b) Schneisen mit einer Neigung von 10% und darüber werden mit Recht unfahrbare genannt. Man kann auf diesen das Rutschen mit beladenem Fuhrwerk nicht gestatten, ohne dem unausbleiblichen Bodenraub Vorschub zu leisten.

Den Holzhauern darf man beim Rücken des Holzes höchstens die Anwendung hölzerner Schlitten gestatten, muß sie aber verpflichten, Bodenbeschädigungen nach dem Schlusse der Arbeit sofort wieder auszugleichen.

Die geringste Breite dieser Schneisen im Nadelholz erachte ich 5 bis 6 m ausschließlich der Gräben, hauptsächlich mit Rücksicht auf den großen Werth einer breiten Schneise bei Brandgefahr, wenn sie auch in beiderseits mindestens 1,5 m breite Gräben gelegt ist.

Im Laubholz ist nur im Auge zu behalten, der unfahrbaren Schneise eine solche Breite zu geben, daß sich der Waldmantel an der Steinlinie gut ausbilden kann nnd daß das Rücken des Holzes möglich ist. Hiezu reichen oft 3 bis 4 m ausschließlich des Grabens in der Steinlinie aus.

Bei einer neuen Einrichtung sind die Schneisen im jungen Holze sofort auf etwa 3 m aufzuhauen und der Steinlinie entlang die Heggräben auszuwerfen. Im alten Holze eilt der Aufhieb weniger und kann zu jeder schicklichen Zeit nachgeholt werden, weil die Steinlinie aufgelichtet und durch Steinmale gesichert ist. Besonders bei flachwurzelnden Holzarten ist diese Regel zu beachten, bei Nadelholz mehr als bei Laubholz. Jede Fichte die eine starke Wurzel beim Ausbau von Wegen oder Gräben verliert, sollte man gleich entfernen, sie fällt über kurz oder lang doch und kann dann mehr Schaden verursachen, als wenn sie gleich unter Aufsicht entfernt wird. Bei jungem Holze fertige man die Gräben ehe die Wurzeln an sie heranreichen. Diejenigen Schneisen, welche gemäß der Betriebsregelung Hiebzugsgrenzen scheiden, sind in voller Breite aufzuhauen. Dem Waldmantel ist dann besondere Beachtung zu widmen.

5. Der Waldrand.

An den Waldrändern — den Grenzen mit landwirthschaftlich benutzten Flächen, mit Wegen und Schneisen — wachsen unsere Bäume unbeschränkt in der Ausdehnung und bei vermehrtem Lichtgenuß stärker als im Schluß. Namentlich ist es die Ausdehnung der Aeste, welche die angrenzenden freien Flächen fortschreitend überschirmt.

80 bis 100 jährige Buchen und Eichen am Waldrand ungestört aufgewachsen, reichen mit ihren Aesten 3 bis 6 m über den freien Raum.

Diese Ueberschirmung der Flächen mindert ihren Gebrauchswerth und verpflichtet den Forstmann den schädlichen Einfluß nach Möglichkeit zu verhindern.

Die Waldränder gegen fremden landwirthschaftlich benutzten Besitz veranlassen häufige Klagen der Angrenzer. Oft kann ihr schädlicher Einfluß durch Aufastung nicht ganz beseitigt werden, wenn dann in den Bestand eingegriffen werden muß, können, je nachdem der Waldrand der herrschenden Windrichtung ausgesetzt ist, Beschädigungen im eigenen Walde herbeigeführt werden.

An solchen Grenzen kann man durch Anlage von Randwegen oder entsprechendem Zurückbleiben beim Neuanbau künftige Beschädigungen fremden Besitzes vermeiden.

Die nachtheilige Wirkung, welcher ein stark beasteter, dem Wege zu nahe belassener Waldrand auf diesen ausübt, ist namentlich bei ungehärteten Erdwegen auf bindigem Boden äußerst lästig, denn ein grundloser Erdweg ist für die Holzverfrachtung das größte Hemmniß.

Nur die Anlage genügend breiter Wege, ein Härten derselben, wo es angezeigt ist und die richtige Erziehung der Waldränder kann Wandlung zum Besseren schaffen.

Nichts Anderes!

Erst bei einer feststehenden auf einem richtigen Wegenetz ruhenden Eintheilung und auch erst dann, wenn die Grenzen der zur Eintheilung benutzten Wege, Schneisen u. s. w. örtlich festgelegt und vor Verrückung gesichert sind, kann der richtigen Erziehung und Pflege der Waldränder und Waldmäntel die gebührende Beachtung geschenkt werden.

Bei der heutigen Neuanlage von Wegen oder fahrbaren Schneisen muß man selbstredend die entstehenden Waldränder hinnehmen, wie die gegenwärtigen Waldbestände sie liefern. Führt ein Hieb durch stärkeres Holz, dann müssen die Stämme soweit weggenommen oder entastet werden, daß die Wegkrone von der Traufe der Aeste nicht mehr getroffen wird. Bei einem von Jugend auf gepflegten Waldrand wird bei Beachtung dieses Maßstabes der haubare Stamm etwa 3 bis 4 m von der Wegkrone entfernt stehen.

Der Nutzen eines sturmfesten Waldrandes ist hinlänglich bekannt. Wenn unsere wirthschaftlichen Abtheilungen mit solchen Waldmänteln umgeben wären, würde nicht allein mancher Beschädigung vorgebeugt werden, es könnten auch manche wirthschaftlichen Ausführungen vorgenommen werden, welche mangels des erforderlichen Schutzes unterbleiben müssen. Das Wort „Loshieb“, welches ohnehin mehr als wissenschaftlicher Begriff wie als wirkliche und wirkende Ausführung im Walde sein Dasein fristet, könnte ganz verschwinden.

Heute ist noch wenig Aussicht für Herbeiführung solcher Zustände vorhanden.

Auf den Waldrändern, wenn sie sich wirklich natürlich besamen und dann geschlossen aufwachsen könnten, wird durch die Gewohnheit, das Holz auf sie zu setzen, der Anwuchs immer wieder zerstört. Wenn die innere Fläche fertig verjüngt ist, zeigen die lückigen Ränder mit den übrig gebliebenen verkrüppelten Resten ein trauriges Bild, welches durch die Auspflanzung mit Lückenbüßern weder an Schönheit noch an Werth für einen Waldmantel gewinnt.

Von der Anpflanzung bevorzugter Holzarten an die äußeren Waldränder wird man immer mehr abkommen, weil gute Nutzhölzer an diesen Stellen selten erwachsen. Bei einem Neuanbau von Grenzflächen ist es räthlich schon, 2,5 m von der Wegkrone entfernt — also bei 1,5 m breiten Gräben, 1 m vom Grabenrand — mit der Saat oder Pflanzung zu beginnen und bis zum Stangenholzalter in Zeitabschnitten von etwa 10 Jahren die am meisten zur Astbildung neigenden Stangen und Reitel zu entfernen, damit schließlich in richtigem Schluß natürlich geschneitelte Bäume als Randstämme übrig bleiben.

Zu einer regelrechten Erziehung sturmfester Waldmäntel gehört eine fürsorgliche Behandlung von Jugend auf in einer Breite von etwa 20 m. Nicht der dichte Stand und die Beastung der Randbäume von unten bis oben macht sie auf die Dauer sturmfest, vielmehr eine entsprechende Pflege, welche ein gutes Wachsthum und eine starke Bewurzelung herbeiführt. Für den Bodenschutz muß, wenn bei Laubholz die äußersten nach und nach wegfallenden Reitel keinen genügenden Ausschlag zurücklassen, durch zeitige Unterpflanzung mit Schatten ertragenden Hölzern gesorgt werden. Will man gewissen Holzarten, welche geeignet sind bis zur Bestandesreife als Randstämme auszuhalten, den Vorzug geben, dann dürfen sie nicht näher als etwa 4 m bis 5 m vom Grabenrand angepflanzt werden, damit sie erst im Schlusse einen astreinen Schaft bilden. Nadelhölzer, die eine stufenweise Astung gut vertragen, sind häufig dem Laubholzrand an Wegen vorzuziehen, weil die oberen Aeste weniger zum Längewachsthum neigen. Vorzugsweise bedürfen diejenigen Waldränder eine besondere Pflege, welche der herrschenden Windrichtung am meisten ausgesetzt sind; auch bei Wahl der Holzarten muß thunlichst auf tiefwurzelnde gesehen werden. Der geeignetste Baum für Windströmungen ausgesetzter Waldränder ist die Eiche, leider ist ihr Anbau (q. robur) für Gebirgsforste sehr beschränkt, weil ihre Anbaugrenze in den meisten deutschen Gebirgen nicht weit von 400 und 500 m liegt. Ihr geringer Geldertrag, namentlich auf Standorten 3. Bodenklasse, und ein Erhalten der Bestände oder Bestandesränder bis 200 Jahre und darüber, könnte verschmerzt werden durch d n Schutz, den sie an gefährdeten Stellen zu leisten vermag.

De Werth der Wahl einer Seitenlinie der Schneisenflächen und zwar derjenigen, welche der örtlichen Hauptwindrichtung am meisten ausgesetzt ist, zur Steinlinie und damit zur festen Grenze der Abtheilungen wird die Heranziehung sturmfester Bestandesränder erheblich fördern.

6. Der Flächenverbrauch für Wege und Schneisen und die Ausscheidung des Nichtholzbodens.

In Abschnitt III 12 ist schon erwähnt, daß bei der gleichseitigen Rechtecksform der Jageneintheilung der geringste Flächenverbrauch für Wege und Schneisen stattfindet. Wenn man für die Umgrenzung eines solchen Jagens von 16 ha die Wege und Gestelle mit 5 m Breite für die dem Holzanbau nicht nutzbringende Fläche veranschlagt, so berechnet sich ein Nichtholzbodenverbrauch von 2,47 %, dabei ist in der Ebene in der Regel die Holzabfahrt nach den vier verschiedenen Richtungen der Grenzscheiden möglich. Die Annahme von 5 qm Holzbodenverlust für das Längenmeter gründet sich auf eine durchschnittliche Wege- oder Gestellbreite von 9 m: — 6 m Weg- oder Gestellkrone, 3 m beiderseitige Gräben —. Die Erfahrung lehrt, daß man für den Mehrzuwachs an freien Waldrändern eine Fläche von etwa 2 m Breite außer Rechnung lassen kann. Pflanzungen, welche verschiedener Ursachen halber im Abstand von 4 bis 5 m aufgewachsen sind, haben in höherem Alter vielfach dieselbe Holzmasse, wie sie sich bei den gewöhnlichen Anbauweiten gleichen Standortes ergiebt.

Im Gebirge ist der Flächenverlust für Wege und Schneisen ein erheblich höherer, er steigt mit dem Zunehmen der Geländeneigung, er fällt mit einer durchschnittlichen Vergrößerung der Abtheilungen.

In den zwei Beispielen der Wegnetzlegung und wirthschaftlichen Eintheilung eines Bergkopfes (III 12) mit 16,9 ha und 16,4 ha Durchschnittsgröße der Abtheilungen, berechnet sich bei der Annahme des gleichen Flächenverlustes von 5 qm, sowohl für die Wege, als als auch für die sämmtlichen Schneisen, bei der Zweitheilung des Bergabhanges mit den Wegeanlagen:

nach einer Absatzrichtung der Nichtholzbodenverbrauch auf:		3,69 %
„ zwei „ „ „	„	5,06 %,
bei der Dreitheilung und bei einer Absatzrichtung	„	3,75 %
„ zwei „	„	4,28 %.
Bei den Eintheilungs-Beispielen (III 13, 14) mit Abtheilungsgrößen von 19 ha und 17,7 ha berechnet sich der Holzbodenverlust . . .	„	2,77 %
bezw.	„	2,70 %.

Die Vorschriften in den verschiedenen deutschen Gebieten über eine Ausscheidung von Nichtholzboden für die Anlage von Wegen und Schneisen sind sehr auseinandergehend.

In Preußen sollen nur Wege in einer Breite von 8 m und darüber mit ihrem vollen Flächengehalt vom Holzboden in Abzug gebracht werden.

Es wird zulässig erachtet werden, nicht bebaute Flächenstreifen von 4 m höchstens 5 m Breite zwischen vollem Holzanbau nicht vom Holzboden in Abzug zu bringen, denn solche Flächen sind im 50. Jahr schon vollständig überschirmt, sobald aber diese Breiten überschritten werden, erscheint die Festsetzung geboten, in welcher Ausdehnung der Holzbodenverlust in Anrechnung zu bringen ist.

Für solche Waldflächen, welche in der Mehrheit auf der dritten und geringeren Bodenklasse stocken, wird bei dem regelrechten Ausbau der Wege und Schneisen vielleicht die volle Breite der Wegkrone mit 6 m, für Waldungen mit guten Bodenverhältnissen, vorherrschend zweiter und erster Bodenklasse, nur 5 m der zutreffende Abzug sein.

Wenn ständige Wasserläufe die Grenzen von Abtheilungen bilden, findet in der Regel ein größerer Aufhieb nicht statt, meist genügt es, die Grenze nur gangbar zu erhalten. Für Bäche, die über 4 bis 5 m breite Flächen einnehmen, gelten dieselben Grundsätze wie bei Wegen und Schneisen.

Als Nichtholzboden müssen alle in einer Abtheilung zur Holzzucht nicht benutzte Flächen, auch größere Felsmassen und Steingerölle aufgemessen und ausgeschieden werden.

VI. Abschnitt.

Die Jageneintheilung der Ebene zum Vergleich mit der Waldeintheilung im Gebirge.

Die sog. Jageneintheilung hat dem ebenen Waldgelände längst die erwünschte, heilsame Ruhe und Stetigkeit gebracht, welche die Gebirgsforsten lange entbehrt haben und vielfach noch entbehren.

Dieses einfache Verfahren, welches über die Waldflächen ein Netz von gleichseitigen oder länglichen Rechtecken legt, erscheint bezüglich der Jagenformen unverbesserlich. Sobald bei der Eintheilung die Lage der Gestelle nach richtiger Abwägung aller örtlich in Betracht kommenden Fragen hergestellt wird, namentlich in Bezug auf die herrschende Windrichtung, die wichtigsten Absatzrichtungen, die örtliche Wasserbewegung u. s. w., darf dieses Verfahren als unantastbar erachtet werden. Durch das entsprechende Maß der Seitenlängen kann neben der beliebten Form auch die gewünschte Größe den Jagen oder Abtheilungen gegeben werden.

Die Grenze der Jagen in die Mitte der Gestellflächen zu legen, war aber von Haus aus eine unglückliche Bestimmung, weil jede dauernde und genaue Bezeichnung des Grenzzuges dadurch unmöglich wurde und daher auch unterblieb. Manche sorgfältige Absteckung ist bei dem Aufhieb der Gestelle oder auch bei später nöthig gewordenen Wiederherstellungen nicht in der ursprünglichen Lage geblieben.

Für die Gestellflächen sind bestimmte Breiten nicht vorgeschrieben, daher im Walde auch ungleiche Aufhiebe ausgeführt. Bei der nothwendigen Erbreiterung eines zu schmalen Gestelles nach einer Seite hin, verändert sich die Grenze und Größe des Jagens; durch beiderseitigen Aufhieb können empfindliche Schäden durch Eingriffe in die beiderseitige Waldbemantelung herbeigeführt werden.

Eine wesentliche Verbesserung in Bezug auf die Begrenzung der Jagen würde sich dadurch vollziehen, wenn auch in der Ebene eine Seite der Gestellflächen und zwar diejenige, welche der herrschenden Windrichtung am meisten ausgesetzt ist, als Jagengrenze, bezw. als Steinlinie, angenommen und diese durch eine gute Vermalung dauernd gesichert würde. Bei Ausführung der letzteren könnten die vorhandenen Jagensteine verwendet werden, wodurch sie neben ihrem heutigen Beruf als Wegweiser noch die wichtige Eigenschaft als Festpunkte der Vermessung erhalten würden.

Jeder ausübende Forsteinrichter hat erfahren, wie selten die nicht genügend ausgesteinten (vermalten) und die nicht mit Heggräben versehenen ursprünglich graden Gestelle im Laufe der Zeit während des Forstbetriebes grade erhalten worden sind. Bei Wiederherstellung solcher ursprünglich graden Schneisen muß man entweder den auf der Schneisenfläche herangewachsenen jungen Anwuchs, oder die über die Grenze gesetzten Pflanzen vernichten, oder Winkel in die früher graden Linien legen.

Die Fürsorge für Erhaltung der ursprünglichen Grenzen ist es aber nicht allein, warum ihre gute Sicherung von Werth ist, die Festlegung einer genügenden Zahl von Anhaltspunkten in einer Steinlinie ist auch erforderlich zur leichteren und sicheren Einmessung von Unterabtheilungen und Nachträgen aller Art, wie sie eine sorgfältige Wirthschaftsführung fordert.

Bei dem Vorzug der Jageneintheilung, daß sie erhebliche Aenderungen von selbst ausschließt, sollte man, um etwas Vollständiges zu schaffen, noch dafür sorgen, daß auch scheinbar kleinere Mängel den Gesammtwerth der Vermessungswerke auf die Dauer nicht beeinträchtigen. Die Erfahrung lehrt, daß spätere stückweise Einmessungen, ohne die nöthige Zahl von sicheren Anhaltspunkten, minderwerthig sind.

Bei neuen Eintheilungen ist für die Richtung der Hauptgestelle in Deutschland die Lage von Westen nach Osten zu wählen, weil sie das Mittel der nach Norden und Süden abweichenden Windströmungen sein wird. Nur grade verlaufende Eisenbahnen und breite Landstraßen werden in erster Linie zu einer Abweichung von dieser Lage berechtigen. Wenn solche bestehenden Haupt-Verkehrswege bis zu $^1/_8$ des Kreises nach Norden oder nach Süden, also von Nordwesten nach Südosten

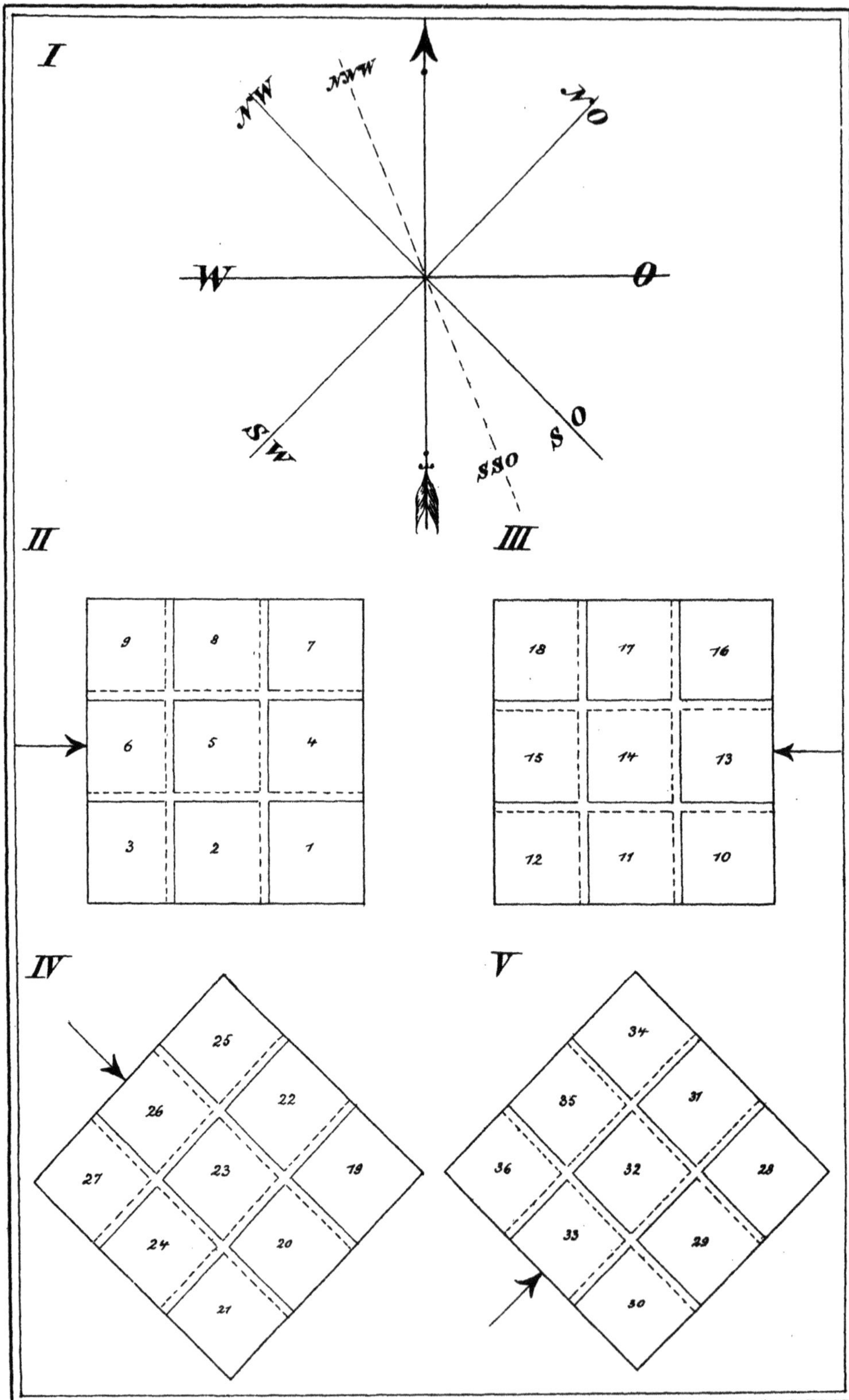

Verlag von Julius Springer in Berlin. Photolith d. geogr.-lith. Anst. u. Steindr. v. C. L. Keller, Berlin S.

und von Südwesten nach Nordosten verlaufen, kann man sie noch als Grundlage der Hauptgestelle annehmen, weicht aber ihre Lage noch mehr nach Norden oder Süden ab, etwa von Nordnordwesten nach Südsüdosten oder entgegengesetzt, dann müssen sie die Grundlinie für die Feuergestelle abgeben.

In diesem Sinne kann auch von der West-Ostlage der Hauptgestelle mal abgewichen werden, wenn dadurch bezüglich der Absatzrichtungen und hinsichtlich der Wasserbewegung wesentliche Vortheile für den Waldeigenthümer in Frage kommen (Tafel 10 Zeichnung I).

Die Durchquerung der Netze durch Wasserläufe und Landwege ist ein häufiges Vorkommniß, erstere verursachen meistens nur Kosten durch Ueberführungen, letztere können zuweilen, namentlich an den Waldrändern als Ergänzungen der Gestelle verwendet werden.

Größere Bäche und Flüsse eignen sich nicht zur Grundlage für Eintheilungen, die Waldtheile, welche durch sie getrennt werden, behandelt man am zweckmäßigsten als besondere Arbeitsfelder.

Welche Seitenlinien der Gestellflächen man zweckdienlich zu der Abgrenzung der Jagen verwendet und damit zu Steinlinien wählt, ist bei der Jageneintheilung sicherer zu bestimmen als im Gebirge.

Liegen die Hauptgestelle in der Richtung von Westen nach Osten, dann muß die östliche Seitenlinie der von Norden nach Süden verlaufenden Feuergestelle gewählt werden. Welche Flächenseiten der Hauptgestelle in diesem Falle als Grenzen zu wählen sind, bleibt für den genauen Westwind gleichgiltig, er durchzieht die Hauptgestelle in grader Richtung und bestreicht die beiderseitigen Waldränder gleichmäßig.

Fürchtet man mehr Nordwestwinde, dann wählt man die südlichen (Zeichnung II), will man sich besonders gegen Südwesten schützen, die nördlichen (Zeichnung III) Flächenseiten der Hauptgestelle als Jagengrenzen und Steinlinien.

Liegen die Hauptgestelle von Nordwesten nach Südosten, dann werden die südöstlichen Flächenseiten der von Nordosten nach Südwesten verlaufenden Feuergestelle und die nordöstlichen Flächenseiten der Hauptgestelle zu Jagengrenzen gewählt (Zeichnung V).

Führen die Hauptgestelle von Südwesten nach Nordosten, dann bilden die nordöstlichen Flächenseiten der von Nordwesten nach Südosten ziehenden Feuergestelle und die südöstlichen Flächenseiten der Hauptgestelle die Jagengrenzen (Zeichnung IV).

Aus den Zeichnungen II und III ersieht man, daß bei der West-Ostlage der Hauptgestelle für den Schutz gegen Windströmungen am besten gesorgt ist. Die volle Ostwand steht dem reinen Westwind, dem Nordwest- und Südwestwind stehen die Spitzen der Jagen pfeilartig gegenüber.

Wenn für feste Begrenzung der Waldränder gesorgt und diesen die erforderliche Pflege nicht versagt bleibt, dann werden im Laufe der Zeit größere Waldbeschädigungen nur noch durch außergewöhnliche Ereignisse zu befürchten sein.

Von den ursprünglichen mustergiltigen Form des gleichseitigen Rechtecks ist man immer mehr abgewichen, anfangs um große Jagen zu verkleinern, dann räumte man dem länglichen Rechteck mit doppelter Grundlinie und halber Höhe wegen der geringeren Fortschaffungsweite den Vorzug ein.

Von beiden Formen mit gleichem Flächeninhalt verhält sich die Länge der Begrenzungslinie vom gleichseitigen, zu der vom länglichen Rechteck wie 4 zu 5, der Flächenverbrauch für die Gestelle berechnet sich bei der Annahme von 5 qm auf 1 m Länge bei einer Flächengröße der Jagen von:

16 ha	für	das	gleichs.	Rechteck	zu	2,47 %	für	das	längl.	Rechteck	zu	3,03 %
20 „	„	„	„	„	„	2,22 „	„	„	„	„	„	2,78 „
25 „	„	„	„	„	„	1,99 „	„	„	„	„	„	2,49 „
36 „	„	„	„	„	„	1,66 „	„	„	„	„	„	2,08 „

Der ersteren Form gebührt also der Vorzug, wenn man auf den geringsten Flächenverbrauch für Nichtholzboden das größere Gewicht legt, die längliche Form ist dagegen zu wählen, wenn die kleinste mittlere Fortschaffungsweite der Walderzeugnisse von den Jagenflächen an die angrenzenden Gestelle maßgebend sein soll. Die Fahrbarkeit aller Gestelle vorausgesetzt, verhält sich die Fortschaffungsweite im gleichseitigen Rechteck zu der im länglichen mit doppelter Grundlinie und halber Höhe wie 1,45 zu 1. Der Nichtholzbodenverbrauch mindert sich, wie aus vorstehenden Zahlen hervorgeht, mit der Zunahme der Flächengröße der Jagen.

Sobald bei der Jageneintheilung über die Richtung der Gestelle, über die Form und Größe der Jagen die Bestimmungen feststehen, vollzieht sich alles Weitere auf Grund dieser Bestimmungen bei der örtlichen Niederlegung auf das Gelände von selbst. Es werden dadurch mehr

Standorts-, Bestandes- und Wirthschaftsabtheilungen bezw. Unterabtheilungen als im Gebirge auszuscheiden sein. Die Grenzen der ersteren werden, wenn sie dauernde sind, zweckmäßig bei der ersten Einrichtung festgelegt. Wenn Läufersteine in den Steinlinien solche Grenzen gleichzeitig mitbezeichnen können, soll man es der Kostenersparung wegen nicht versäumen.

Das Feld der Jageneintheilung hört auf, sobald die Unterschiede der Geländeerhebung unfahrbare Eintheilungsgrenzen schaffen.

VII. Abschnitt.

Die Entwicklung der Wegnetzlegung und des dargestellten Verfahrens. Durchschnittszahlen, über Zahl und Verbrauch der Wege, über Steine und Kosten.

Um ein Urtheil über die Kosten zu gewinnen ist es erforderlich über die Eigenart der Entwicklung der Wegnetzlegung überhaupt und des dargestellten Verfahrens Kenntniß zu geben.

Von der Herstellung eines Wegnetzes und von dem regelrechten Ausbau von Wegen im Walde war in dem ersten (18.) Jahrhundert der Entstehung einer Forstwirtschaftslehre noch keine Rede.

Wer noch heute vor etwa 70 Jahren bei einer Waldeintheilung ein Wegnetz hätte legen wollen und dafür die Kosten von dem Waldeigenthümer gefordert hätte, über dessen Denkvermögen wären ernste Zweifel entstanden.

Erst im Jahre 1842 erschien die erste Anleitung über Waldwegebau von dem Fürstlich Sigmaringen'schen Oberforstmeister Carl, sie enthält die Lehre vom Nivelliren und von dem Erdausbau der Wege, ist eigentlich nur eine Empfehlung zur Anwendung des bei dem Bau der öffentlichen Wege längst bekannten Verfahrens im Walde. Seine Ansprüche sind noch sehr bescheiden, er glaubt unter Umständen sei ein Gefäll von 10 bis 15 % für Waldwege noch zu rechtfertigen.

1852 stellte der damals Großherzoglich Hessische Revierförster Neidhardt in Biedenkopf die ersten Grundregeln über zweckmäßige Anlage von Waldwegen auf, bei seinen Absteckungen mußte er sich noch mit der Wasserwage behelfen.

Bis zum Jahre 1863 wurden verschiedene Gefällmesser ersonnen, von denen der von dem Großherzoglich Hessischen Oberforstrath Bose erdachte für die Absteckungen im Walde (m. E.) der empfehlenswertheste ist. Die Fortschritte im Waldwegebau, besonders auch in den Forsten des Kreises Biedenkopf, hat er wesentlich gefördert.

Ueberall, aber vorzugsweise in den Gebieten mit Gebirgsforsten, wurde nach dieser Zeit dem regelrechten Waldwegebau steigende Beachtung gewidmet, in Preußen namentlich nach 1866, nachdem es einen Zuwachs an gebirgigem Waldland erhalten hatte. Bei vorwiegend ebenen Forsten war vor dem die Jageneintheilung das entsprechende Verfahren, aber sie ist auch vielfach in das Mittelgebirge übertragen worden, obgleich Pfeil schon frühe mit Recht erklärt hatte, „daß diese Eintheilung allen Werth verliere, sobald die Gestelle weder zu passenden Scheidungslinien, noch zu Wegen dienen könnten".

Im Jahre 1869 wurde für die 13000 ha nunmehr preußischen Staatsforsten im Kreise Biedenkopf die Anfertigung neuer Vermessungswerke unter Benutzung der vorhandenen Karten und neuer Abschätzungswerke verfügt. Von dem zeitigen Vorstand des Forsteinrichtungsbureaus zu Berlin war bei örtlicher Bereisung dieser Waldungen eine vorläufige Eintheilung geplant und in die vorliegenden Karten eingetragen worden. Hierauf wurden diese 10000theiligen Karten den einzelnen Revierverwaltern zwecks Anfertigung eines allgemeinen Entwurfs zu einem Wegenetz und Eintrag auf diese Karten übergeben.

Unter der Oberleitung des späteren Landforstmeisters Freiherr v. Baumbach als Ministerial-Kommissar und unter Mitwirkung des Oberforstmeisters Tillmann zu Wiesbaden wurde dem mittlerweile durch Ministerial-Erlaß zum Taxations-Kommissar ernannten Verfasser die weitere Durchführung der gestellten Aufgabe übertragen, wahrscheinlich weil er in den 8 Vorjahren den größten Theil seiner aus Staats- und Gemeindewald zusammengesetzten, anfangs Nassauischen Oberförsterei Welschneudorf, neu eingerichtet und Betriebswerke hergestellt, auch bei diesen Ausführungen schon Wegenetze entworfen und zur wirthschaftlichen Eintheilung benutzt hatte.

Nach dem Empfang der Kartenwerke, auf welchen Höhenschichtenlinien fehlten, die aber in Bezug auf Genauigkeit als gut bezeichnet werden mußten, wurde im Frühjahr 1870 zeitig mit der Arbeit begonnen. Bei eingehender örtlicher Untersuchung konnten von der vorläufig geplanten Eintheilung nur die unzweifelhaften, in die Augen springenden, natürlichen Grenzen, z. B. Rücken- und Thalzüge, wie sie bei einer Bereisung auch nur angedeutet werden konnten, berücksichtigt, die sonstigen Linien kaum benutzt werden.

Bei dem Fehlen einer körperlichen Darstellung der Gebirgsausformungen auf allen Karten, war es auch für die Revierverwalter kaum möglich etwas Anderes, als auf der näheren Ortskenntniß fußende Andeutungen von Wegzügen zu fertigen. Die eingetragenen Wege waren meistens die unzweifelhaften Graden Abfuhrwege, die übrigen zur Eintheilung erforderlichen Wege konnten nur bei der örtlichen Bearbeitung endgiltig bestimmt und abgesteckt werden.

Von dieser Sachlage überzeugten sich die beiden genannten höheren Beamten bei einer baldigen Bereisung durch eingehende Prüfung. Hierauf bearbeitete mit deren Zustimmung Verfasser einen kleineren Waldtheil nach eigener Ansicht und nachdem diese erste Vorlage die höhere Anerkennung und Genehmigung erhalten hatte, wurde ihm für die ferneren Ausführungen mehr freie Hand gelassen. Weiterhin bat er bei ferneren Ueberweisungen von Hilfskräften, anstatt der Wahl dieser aus der ältesten Klasse, welche nur kurze Zeit bei dieser Beschäftigung bleiben konnten, künftig nur solche aus der jüngsten Altersklasse zu bestimmen. Es wurde ihm auch gestattet seinen geschulten Forstlehrling zu verwenden und er wurde ermächtigt, junge Leute von 14 und 15 Jahren, welche sich der niederen Laufbahn widmen wollten, gegen mäßige Bezahlung anzunehmen. Diese mußten sich verpflichten bis zum 1. Oktober ihres 20. Lebensjahres bei dieser Arbeit auszuhalten.

Es war ein glücklicher Griff solche junge Leute zu diesen Arbeiten heranzuziehen. So lange Försterschulen nicht in genügender Zahl eingerichtet sind, welche die Jungen unmittelbar aus der Volksschule aufnehmen können, ist eine Gelegenheit zu passenderer Fortbildung selten geboten worden, daher kamen Anmeldungen in genügender Menge. Für den künftigen Förster ist eine angemessenere Beschäftigung nicht leicht zu finden. In diesen Lebensjahren unter ständiger Aufsicht mit voller, den Körper nicht aufreibenden, sondern nur stählender Beschäftigung im freien Walde zuzubringen, war für die jungen Leute wahrlich ein schönes Loos, zumal sie auch in freien Stunden und an Sonntagen von den Forst- und Oberförsterkandidaten zur Befestigung ihrer Schulbildung und in allem zu ihrem Beruf erforderlichen Wissen und Können ständig Unterricht erhielten. Zuerst mußten sie die Handlangerdienste kennen lernen, was bei den verschiedenen Messungsgeschäften von wesentlicher Bedeutung ist; wenn dann der Strebsame zuerst an den Bose'schen Gefällmesser gestellt wurde, so war das ein Ereigniß, welches die übrigen Genossen immer eifriger machte. Wenn die Zeit herannahte, daß sie in die vorgeschriebene Lehrzeit eintreten mußten, geschah dieses bei dem Oberförster, wo sie gerade beschäftigt waren und sie wurden dann auch von diesem zu den Förstergeschäften herangezogen.

Auch die Einrichtung, daß die jungen Fachgenossen der höheren Laufbahn gleich nach der bestandenen ersten Prüfung überwiesen wurden, hat allseitige Vortheile gebracht. Die Gelegenheit, das schulwissenschaftlich Erlernte, auch durch werkthätige Ausführung im Walde anzuwenden, war für Jeden, nicht allein fortbildend, die Zeit dieser Beschäftigung war auch für den Einzelnen darum von Werth, weil er sich demnächst ein eigenes Urtheil bilden konnte, ob die Beschäftigung in diesem Theil des Faches seinen Verhältnissen und Neigungen zusage, oder ob für ihn das Wirken in der Verwaltung vorzuziehen sei. Wichtige Fragen! welche oft nicht genügend erwogen werden.

Die Forstkandidaten konnten nur etwa ein Jahr an den einzelnen Ausführungen theilnehmen, sie mußten die verschiedenen Bedingungen zur Hauptprüfung erfüllen und sich auf diese vorbereiten.

Nach Ablegung der Staatsprüfung mußte jeder einzelne wieder besonders überwiesen werden, wobei jedenfalls ausgesprochene Wünsche berücksichtigt worden sind.

Im Jahre 1872 dehnten sich diese Arbeiten nicht allein auf weitere Staatswaldungen im Regierungsbezirk Wiesbaden aus, auch im Regierungsbezirk Cassel mußte begonnen werden. Zu diesem Zweck war die Trennung der Hilfskräfte in Abtheilungen unbedingt geboten. Zu den Führern solcher Abtheilungen wurden die ältesten und geübtesten Oberförsterkandidaten gewählt, ihnen wurden etwa je ein Forstkandidat, zwei schon geschulte Lehrlinge und einige Anfänger zugetheilt. All diese Betheiligten waren oder wurden im Abstecken von Linien und Wegen, im Aufmessen beider mit Meßkette oder Latte und Boussole, im Auftragen dieser Messungen in die verschiedenen Karten und in der Flächenberechnung mit dem Amsler'schen Polarplanimeter geübt; nur zu den Vorarbeiten zur Aufstellung der Betriebspläne, und zwar zu den reinen Meßgeschäften, zum Zeichnen der R e i n k a r t e n und den endgiltigen Flächenfeststellungen wurden zur Beschleunigung der Ausführungen eine Anzahl junger Feldmesser angenommen. Auch in allen mit der Aufstellung von Betriebsplänen verbundenen Geschäften: Kluppen, Höhenmessen u. s. w. wurden die Lehrlinge ausgebildet und dazu verwendet.

Mit diesen Hilfskräften wurden in den Jahren 1870 bis 1884 die Staatswaldungen in den Regierungsbezirken Wiesbaden und der größte Theil derselben in dem Regierungsbezirk Cassel neu eingerichtet und für die meisten auch Betriebswerke gefertigt; in 101 Oberförstereien 213 000 ha Staatswald. (Ueber die Flächen im Gemeindewald stehen Aufzeichnungen nicht mehr zu Gebot.) 102 Forst- und Oberförsterkandidaten, 12 Feldmesser und 40 Forstlehrlinge waren an den Arbeiten betheiligt.

Vom Jahr 1885 bis 1899 wurden in derselben Weise die 18 Königlichen Oberförstereien des Regierungsbezirks Trier mit rund 59 000 ha Staatswald und an Gemeindewald weit über diese Flächengröße hinaus, im Regierungsbezirk Aachen die Königliche Oberförsterei Eupen mit 4900 ha Staatswald neu eingerichtet und Betriebswerke aufgestellt. Bei den Arbeiten in letzterem Zeitabschnitt wurden noch 4 Forstassessoren, 5 Anwärter für die Gemeinde-Forstverwaltung, 1 Feldmesser und 2 Forstlehrlinge, aber keine Forstreferendare mehr verwendet, weil bei dem Ueberfluß an Forstassessoren erstere nicht mehr gegen Entgelt beschäftigt werden konnten. Eine erwünschte Hilfe war es, daß die allmälig von den Jäger-Bataillonen zurückkehrenden Forstlehrlinge der Casseler Schule wieder eintreten konnten.

Unter des Verfassers Leitung sind hiernach:

121 Oberförstereien mit rund 273 000 ha Staatswald und Gemeindewaldungen in nicht viel geringerer Ausdehnung nach dem dargestellten Verfahren eingerichtet worden.

Die Gesammtzahl der Mitarbeiter beträgt:

106 Kollegen der höheren Forstlaufbahn,
5 Anwärter für die rheinische Gemeinde-Forstverwaltung,
40 Forstlehrlinge bezw. Hilfsjäger und Forstaufseher,
13 Feldmesser.

Im Regierungsbezirk Cassel betrugen die Kosten für Absteckung des Wegenetzes und der wirthschaftlichen Eintheilung für das ha: zwischen 1,20 m und 2 Mark.

Im großen Durchschnitt sind dort auf 100 ha: 3,9 km Wege, Landstraßen und Landwegen mitgerechnet. Hiervon sind 37,8 % zur Eintheilung verwendet worden.

Die Sicherung der Wegabsteckungen durch Leitpfade (der Vorschrift gemäß nur 0,6 m bis 1 m breit) kosteten das Längenmeter 0,08 bis 0,10 Mk., welche Beträge als Kulturkosten verrechnet worden sind.

Zur Sicherung der Schneisenabsteckungen wurden auf 100 ha: 7 bis 10 Jagensteine und 10 bis 20 rauhe Steine verbraucht.

Die Beschaffung dieser Steine kostete für 100 ha: 37 Mk.

Die behauenen Jagensteine kosteten bis 4,5 Mk. das Stück, die rauhen Steine wurden vielfach während der Arbeit an Ort und Stelle gesammelt, wo sie andernorts gebrochen werden mußten, stellten sich die Kosten bis zur Verbrauchstelle geliefert bis 50 Pfg.

Die Kosten des Steinsetzens betrugen für 100 ha: 41 Mk.

Die Gesammt-Ausgabe für die Versteinung berechnet sich also für das ha auf 0,78 m.

Ueber die Einzel-Eintheilung auch über Vertheilung der Wege und Schneisen u. s. w. sollen folgende Beispiele nähere Auskunft geben:

1. Oberförsterei Wellerode bei Cassel: 3882 ha.

Durchschnittsgröße der 7 Schutzbezirke: 554,5 ha
" " 196 Abtheilungen: 19,8 "
Gesammte Weglänge: 125,2 km. Auf 100 ha: 3,2 km.
Zu Abtheilungsgrenzen sind benutzt 46,3 km oder 37 %.

Gesammtlänge der Schneisen: 70,3 km, davon sind fahrbar 53,6 km, nicht fahrbar 16,7 km: 24%.

Ferner sind noch 16,6 km Wasserläufe zur Abtheilungsabgrenzung benutzt.

Der Holzbodenverlust durch 125,2 km Wege
und 53,6 " fahrbare Schneisen
Zusammen 178,8 km zu 5 qm auf 1 m Länge beträgt: 89,4 ha oder 2,3%.

2. Oberförsterei Witzenhausen bei Münden. 2728 ha Staatswald.

Durchschnittsgröße der 6 Schutzbezirke	=	454,6 ha
" " 172 Abtheilungen	=	15,9 "
Gesammtweglänge 105,5 km, auf 100 ha	=	3,9 km
Zu Abtheilungsgrenzen benutzt	=	35 %

3. Oberförsterei Meißner unweit Münden. 2221 ha Staatswald.

Durchschnittsgröße der 5 Schutzbezirke	=	444,2 ha
" " 133 Abtheilungen	=	16,7 "
Gesammtweglänge 98 km, auf 100 ha	=	4,4 km
Zu Abtheilungsgrenzen benutzt	=	45 %

Im Hochwald stellt sich die Einzel-Eintheilung der 4 Reviere wie folgt: (Karte IV.)

1. Oberförsterei Hermeskeil, Gesammtgröße = 3394 ha.

Durchschnittsgröße der 5 Schutzbezirke	=	679 ha
" " 171 Abtheilungen	=	19,1 "

Länge der Wege 172 km, auf 100 ha = 5 km
Zu Abtheilungsgrenzen verwendet . . = 50 %

2. Oberförsterei Dhronecken, Gesammtgröße = 4504 ha.

Durchschnittsgröße der 6 Schutzbezirke = 751 ha
" " 239 Abtheilungen = 19 "
Länge der Wege 237 km, auf 100 ha = 5,0 km
Zu Abtheilungsgrenzen verwendet . . = 52 %

3. Oberförsterei Kempfeld, Gesammtgröße = 3557 ha.

Durchschnittsgröße der 5 Schutzbezirke = 711 ha
" " 187 Abtheilungen = 19 "
Weglänge 147 km, auf 100 ha . . . = 4,1 km
Zu Abtheilungsgrenzen benutzt . . . . = 47 %

4. Oberförsterei Morbach, Flächengröße = 3498 ha[1]).

Durchschnittsgröße der 5 Schutzbezirke = 698 ha
" " 205 Abtheilungen = 17 "
Weglänge 142 km, auf 100 ha . . . . = 4,1 km
Zu Abtheilungsgrenzen verwendet . . . = 63 %

[1]) Bei Morbach sind die auf dem II. Hochwaldrücken liegenden Waldtheile mit 1276 ha nicht einbegriffen. Die Nummerfolge fängt auch mit Nr. 46 an.

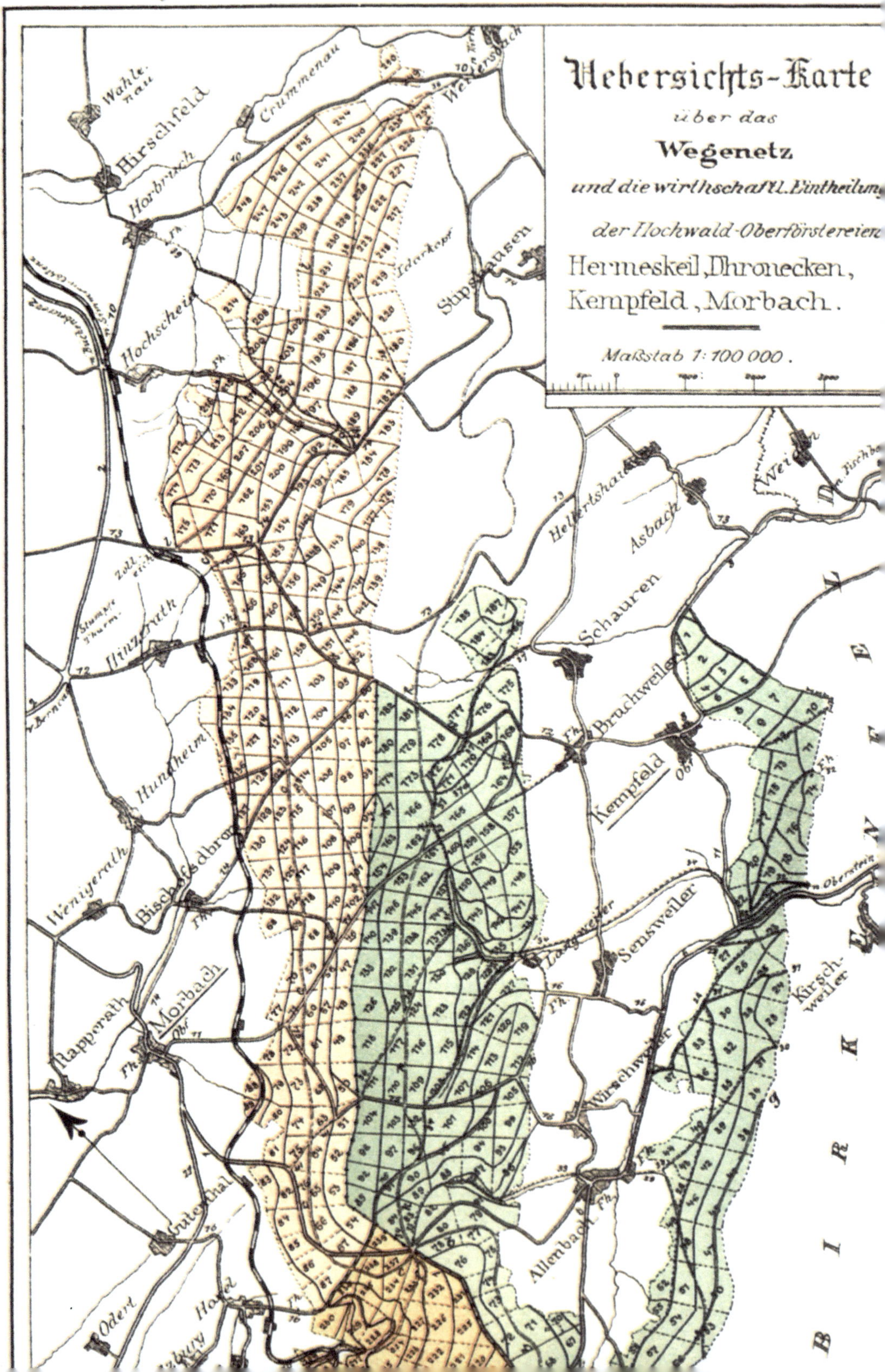

Uebersichts-Karte
über das
Wegenetz
und die wirthschaftl. Eintheilung
der Hochwald-Oberförstereien
Hermeskeil, Dhronecken,
Kempfeld, Morbach.
Maßstab 1:100 000.
Wahlenau
Hirschfeld
Horbruch
Crummenau
Hochscheid
Stipshausen
Hellertshausen
Asbach
Schauren
Bruchweiler
Kempfeld
Hundheim
Bischofsdhron
Wenigerath
Morbach
Rapperath
Gutenthal
Langweiler
Sensweiler
Kirschweiler
Wirschweiler
Allenbach
Odert
Weiden
Idarkopf
B I R K E N F E L D

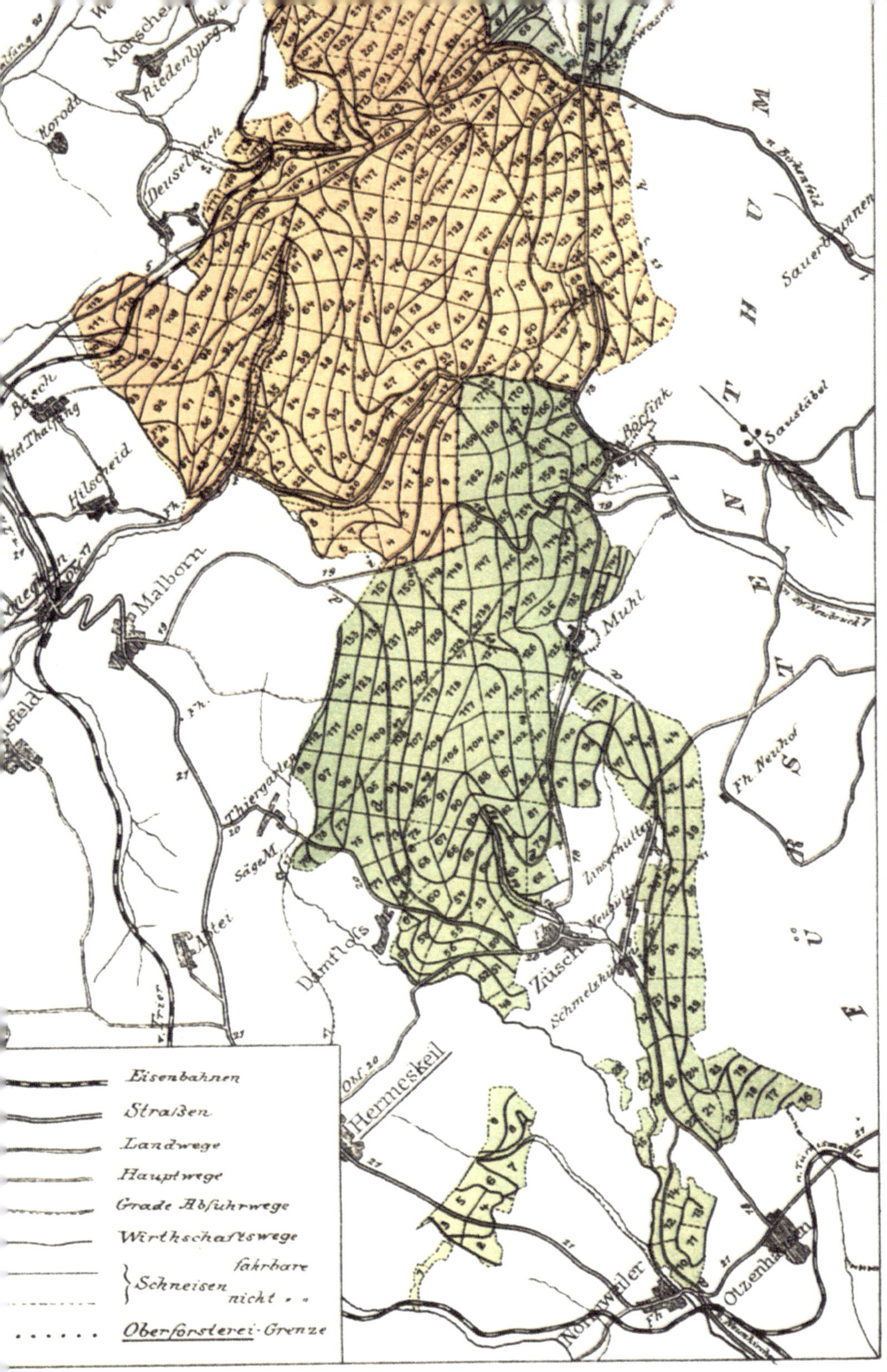

g von Julius Springer in Berlin

Photolith d geogr-lith Anst u Steindr v C L Keller, Berlin S

VIII. Abschnitt.

Wem sind die Forsteinrichtungsgeschäfte zu übertragen?

(Mit besonderer Beziehung auf Preußen.)

Die durch ein Wegenetz gesicherte wirthschaftliche Eintheilung in Gebirgsforsten ist die erste kleinere Aufgabe, aber die Grundlage der Forsteinrichtung im weiteren Sinne. Wichtige, schwierigere Fragen dieses Hauptzweiges im Forsthaushalt warten noch auf eingehende andauernde Bearbeitung. Zu ihrer Ergründung sind neben forstlichem Wissen ausgiebige Kenntnisse in der Mathematik unbedingt erforderlich. In der Natur des Forstfaches liegt es begründet, daß die Raum- und Größenlehre wichtige Wissenszweige für es sind, aber mit der fortgeschrittenen Ausbildnng im Fache, durch Vermehrung an den Stand gestellter Anforderungen hat die Neigung zur werkthätigen Nutzanwendung dieser Wissenschaften im Walde sichtlich abgenommen.

Diese Sachlage dürfte hauptsächlich auf die Diensteinrichtung zurückzuführen sein, bei welcher man zu wenig Gewicht auf die Pflege der Forsteinrichtung gelegt hat; anstatt diese besonderen Behörden zur Bearbeitung und Fortbildung zu übertragen, liegt sie lediglich in den Händen einzelner Beamten der Verwaltung — Oberförster und Forsträthe —, welche auftragsweise, meist kurze Zeit und vorübergehend, damit betraut werden.

Die Bestimmungen der Dienstanweisungen verpflichten allerdings alle betheiligten Beamten ohne Unterschied zur Mitarbeit bei diesen zeitweise wiederkehrenden Ausführungen. Die nähere Besprechung der Art und Weise dieser Mitarbeit wird man, als genugsam bekannt, dem Verfasser gern erlassen, wenn sie auch der Form nach stattfand, den Leistungen nach ist ihr Werth nur ein scheinbarer.

Wenn auch manche Anwärter wirklich die Neigung fühlten für den Sonderberuf des Forsteinrichtungswesens, in Erkennung seines Werthes und als Feld der Forschung, dann fehlte zunächst die Gelegenheit zur Fortbildung an einer Behörde, bei welcher sie eintreten und verwendet werden konnten. Wer also einigermaßen an sein Fortkommen im Staatsdienste dachte, mußte unter den bisherigen Verhältnissen die Neigung zu diesem Sonderzweig des Faches aufgeben, weil nur in der Verwaltung das beste Fortkommen zu finden war. Auch die Lehrthätigkeit galt der Verwaltung gegenüber als ein unfruchtbares Feld.

Man hat durch die Bestimmung vom 30. Juni 1874, welche die Ablegung der Feldmesserprüfung vor der Staatsprüfung vorschrieb, versucht, die allgemeine Feldmesserbefähigung für den Stand herbeizuführen, aber diese Maßregel 1882 wieder aufgehoben, weil sie den erstrebten Zweck nicht genügend herbeiführte und auch von der Wahl des forstlichen Berufes vielfach abhielt.

Die Zahl der jährlich geprüften Anwärter bewegte sich in jener Schreckenszeit vom Jahr 1876 bis 1883 zwischen 20 und 32. Nach Erlösung von der Feldmesserprüfung stieg sie rasch bis zu dem Höhepunkt von 74 in einem Jahr, bis die Zulassung zum Eintritt in das Forstfach mit Aussicht auf Anstellung im Staatsdienste die bekannte weise Einschränkung erlitt.

Nicht die Forderungen im mathematischen Wissen konnten abschrecken, diese gehen ja ohnehin weiter, als sie von dem Feldmesser verlangt werden, lediglich die ausübende Thätigkeit desselben in Wald und Feld, die Handhabung der Meßwerkzeuge, des Stabes und der Meßlatte, ist nicht jedes Forstmannes Sache und lag bei Vielen außerhalb der Poesie des Waldes.

Der nach 1882 bedeutende Andrang zur forstlichen Laufbahn ist zwar keineswegs allein dem Fortfall der Feldmesserprüfung zuzuschreiben. Bei dem steigenden Wohlstande im Deutschen Reiche werden die Söhne begüterter Eltern bei der Ausschau nach einer angenehmen Lebensstellung, durch die in Preußen als zweckdienlich erachtete Angliederung der Jagdverwaltung im Staatswalde an den forstlichen Beruf, vielfach zur Wahl des Forstfaches veranlaßt. Der leidenschaftliche Jäger vertauscht aber auch nicht gern die Büchse mit dem Meßstabe.

Nur eine Trennung der Forsteinrichtung von der Verwaltung und die Bildung einer genügenden Zahl von Forsteinrichtungsbezirken mit besonderen Behörden, ist das beste Mittel eine stete Fortentwickelung des Faches herbeizuführen und das Forstwesen zur höchstmöglichen Entfaltung zu bringen.

Jeder Bezirk muß ein Arbeits- und Versuchsfeld im großen Maßstabe sein und muß es dauernd bleiben.

Bei keinem Zweige der Bodenwirtschaft sind zu seiner Fortbildung so vielseitige Erfahrungen erforderlich als bei dem Forstfach. Bei der Verwaltung eines großen Staates, in welchem der Forstbeamte unstet, heute im Osten, nach einigen Jahren im Westen thätig ist, kann er sie nicht hinlänglich sammeln. Im Gegentheil, das nach den Standorten so grundverschiedene Verhalten einzelner Holzarten ist sehr geeignet irre zu leiten, nur dadurch ist es auch zu erklären, daß bei dem Holzanbau häufig Fehler gemacht worden sind und noch gemacht werden.

Bei den heutigen Lebensverhältnissen in wirthschaftlicher und gesellschaftlicher Hinsicht ist bei dem Beamtenstand eines großen Staates ein häufiger Wohnortswechsel die Regel. Mag ein solcher für manche Fächer von günstigem Einfluß auf die Dienstverhältnisse sein, im Forsthaushalt ist der Vortheil für die Verwaltung mindestens zweifelhaft, für das Forsteinrichtungswesen gradezu nachtheilig. Soll dieses wirklich eine Stätte ernster Arbeit und Forschung sein, dann ist dem öfteren Wechsel der Beamten eines Bezirks soviel als thunlich vorzubeugen. Die Diensteinrichtung für die Verwaltung schließt sich zweckmäßig an die staatliche Eintheilung in Regierungsbezirke an, bei der Abgrenzung von Forsteinrichtungsbezirken muß aber möglichst die forstliche Zusammengehörigkeit einer Landschaft als Grundsatz angenommen werden.

Wäre es möglich Gebiete mit vorherrschend Eichen- oder Buchen-, Fichten-, und Kiefern-Wirthschaft, wechselnd in der Ebene und im Gebirge, mit Plenter- und Mittelwaldbetrieb zu bilden, dann wären die Musterbilder für Forsteinrichtungsbezirke gegeben.

Die Erforschung einer einzigen der genannten Holzarten in Bezug: auf ihren Anbau auf den verschiedenen Standorten einer Landschaft, auf ihren zweckdienlichen Umtrieb, auf die einzelnen Arten ihrer Pflege, auf die Bekämpfung ihrer Feinde und Gefahren, auf ihren Wachsthumsgang und Ertrag, auf die vortheilhafteste Nutzbarmachung und auf die Veränderungen der oberen Bodenschichten im Laufe der Wirtschaft, bietet Stoff genug, den zu bewältigen und zu klären die Dauer eines Menschenalters bei Weitem nicht hinreicht, die deshalb einer streng wissenschaftlichen planmäßigen, anhaltend fortgesetzten, ernsten Arbeit bedarf. Zu entscheidenden Ergebnissen ist leider längere Zeit erforderlich, das empfiehlt aber grade gedachte Einrichtung und drängt zu ihr hin.

Derartige Landschaftsbezirke sind auch die gegebenen Stätten für das Versuchswesen und stempeln ihre Vorsteher und Glieder zu Mitarbeitern der staatlichen Haupt-Versuchsanstalt, welche ohne eine solche Beihilfe das unmöglich zu leisten vermag, was man von ihr erwartet. In der Verwaltung fehlen in vielen Fragen feststehende Wirthschaftsregeln für die einzelnen Verwaltungsbezirke (Oberförstereien), — für das Ganze eines großen Staates sind solche überhaupt nicht zu geben —, so lange sie aber fehlen, bleibt die Wirthschaft ein Herumtasten und ein Zankapfel zwischen den ausführenden Beamten.

Man kann die Wahrheit dieses Satzes leicht mit den Verhandlungen der engeren Forstvereine beweisen. Bei den einfachsten Fragen stehen sich nicht selten die Ansichten der Beamten desselben Bezirks, ja eines Reviers, schnurstracks entgegen, ein Beispiel erläutert es am besten: Die Einzelmischung von Fichten und Kiefern in Buchenanwuchs kann die schönsten und werthvollsten, vollholzige und astreine Stämme liefern, wie sie reine Bestände dieser Holzarten kaum erzeugen, sie hat aber bekanntlich, trotzdem sie die billigste Art der Nadelholzmischung in Buchen ist, mehr Gegner als Fürsprecher. Wenn man bei 1. und 2. Bodenklasse, auf welcher örtlich die Buche im 50. Jahre schon etwa 18 m hoch wird, beide Nutzhölzer einbringt, welche dort bis zu diesem Alter gedachte Höhe nicht erreichen, dann sind allerdings die Kosten weggeworfen und das Ziel ist nicht erreicht, wenn aber in solchen Buchenrevieren der Wachsthumgang durch sorgsames Zerlegen alter, den einzelnen Standortsklassen entnommener, regelmäßig erwachsener Buchen und Nadelhölzer genau festgestellt wird, dann sagen solche Ermittelungen, wo und wann man diese Mischungen einbringen kann und muß. Das sind Aufgaben der Forsteinrichtung, welche noch in unseren Revieren fehlen. Nur unter einer besonderen Behörde können solche Feststellungen für alle Verwaltungsbezirke gefertigt, auch alle sonstigen Ausführungen besser ausgenutzt werden. Dann sind auch ständige Probeflächen sorgfältiger auszusuchen und dauernd zu begrenzen, die Messungen genau und doppelt auszuführen, die Stammzahlen sicher zu bestimmen, die Massen doppelt zu berechnen, die Alter, Längen und der Wachsthumgang nach Altersabstufungen festzustellen u. s. w. — u. s. w.

Auf solchen Grundlagen geben die in Zeitabschnitten jedesmal wiederkehrenden Massenaufnahmen auf denselben Flächen werthvolle Zahlen über Wachsthumsgang und Zuwachs.

Daß derartige Messungen und Berechnungen von einem Beamten der Forsteinrichtungs-Behörde persönlich und unter eigener Verantwortung auszuführen sind, versteht sich von selbst; sie sind von solchen Messungen, z. B. alter Bestände, wo es nur auf die gegenwärtige Massenermittelung ankommt, zu denen man auch andere anstellige Personen unter steter Aufsicht verwenden kann, scharf zu trennen. Auch alle weiteren Versuche und Feststellungen bezüglich der Bodenverhältnisse und der Verbesserung derselben, des Anbaues, der Pflanzung oder Saat, der Durchforstungen u. s. w. sind auf fest abgegrenzten Flächen vorzunehmen und so auszuwählen, daß sie bis zum Abschluß der einzelnen Fragen von unbefugten Eingriffen gesichert sind.

Die Herstellung der Betriebswerke in Preußen geschieht sehr ausführlich. Ein solches Werk für eine Oberförsterei bildet mit den Vor- und Schlußverhandlungen gewöhnlich einen Band in Aktenform von etwa 5 cm Stärke, verursacht auch ansehnliche Kosten. Ein Forstassessor wird im Durchschnitt 2 Jahre daran zu thun haben. Es giebt auch über alle Verhältnisse genügende Auskunft, wird für einen 20jährigen Zeitraum ausgearbeitet, giebt die Abtheilungen an, welche in diesem Zeitabschnitte zum Hiebe kommen, berechnet den jährlichen Abnutzungssatz, weist den Kulturgeldbedarf nach, enthält den Durchforstungsplan und ist mit den erforderlichen Kartenwerken und Flächennachweisungen ausgestattet. Trotzdem diese Werke meistens sorgsam aufgestellt sind und zutreffende Bestimmungen enthalten, wird ihnen im Allgemeinen namentlich von den Regierungsforstbeamten wenig Beachtung geschenkt.

Den Hauptgrund dieser mangelnden Werthschätzung will die große Menge der forstlichen Welt in dem geringen fachlichen Ansehen gefunden haben, welches den Schöpfern dieser Werke zur Zeit der Ausführung beigemessen wird. Als solche gelten hauptsächlich die Forstassessoren, welchen der Löwenantheil an der ausführlichen Arbeit zugefallen ist.

Ein kleiner Theil der Geringschätzung kommt auf die Rechnung der sog. Taxationskommissare, das sind Oberförster und Forsträthe, weil thatsächlich auch manche geringes Verschulden trifft und die Oberleitung läßt man ganz außer Betracht, weil die wenigen Stunden der Hauptprüfung kaum der Rede werth erachtet werden.

Diese geringe Meinung von den Betriebswerken ist unbestrittene Thatsache, welche von jedem Oberförster, auch von den Regierungs-Forstbeamten selbst bestätigt werden kann und muß. Mit der Berufung auf die Bestimmungen des Betriebswerkes haben in strittigen Fällen bei Prüfung der jährlichen Hauungs- und Kulturpläne, die Revierverwalter, den Oberbeamten der Verwaltung gegenüber in der Regel wenig Glück.

Die unausbleibliche Folge dieser Sachlage ist, daß die Betriebswerke nach ihrer Fertigstellung in den Aktenschränken der Oberförster ihre Ruhestätte finden. Man begnügt sich mit der Wirthschaftskarte, in welcher die für die ersten 20 Jahre zur Nutzung bestimmten Abtheilungen, auch die vorgesehenen Aushiebe in anderen Forstorten mit I und (I) bezeichnet sind.

Unzutreffende Vorschriften sind in einzelnen Betriebswerken nicht wegzuleugnen, sie sind aber nach der Ansicht des Verfassers meistens der noch zu geringen Erfahrung der jungen Bearbeiter und der ungenügenden Beihilfe und Mitarbeit der dazu Berufenen zuzuschreiben, denn in Werken, welche selbst mit anerkennenswerthem Fleiß und erkennbarem Interesse der jungen Fachgenossen bearbeitet sind, finden sich zuweilen Bestimmungen, welche die ausführenden Beamten nicht allein berechtigen, sondern auch verpflichten, sie außer Acht zu lassen.

Welcher Fachgenosse wird es wagen, die Mitwirkung der gesammten Beamten, welche im Forsthaushalt thätig sind, bei der Bearbeitung und Feststellung der Betriebswerke für überflüssig oder entbehrlich zu halten? Wie angenehm sind schon Erfahrungen einsichtiger alter Förster?

Welchem Taxations-Kommissar ist aber jemals eine solche eingehende Mitarbeit zu Theil geworden?

Wem es, wie dem Verfasser beschieden war, die Obliegenheiten eines Taxationskommissars schon als Oberförster wahrzunehmen, der wird sich auch von der schwierigen und unangenehmen Stellung überzeugt haben, welche sich nach der Beförderung zum Forstrath nur um Weniges bessert.

Ganz anders wird sich das Verhältniß mit der Uebertragung dieser Obliegenheiten an eine Behörde gestalten, welche an der Hand einer geeigneten Geschäftsanweisung mit einer Anzahl tüchtiger junger Kräfte, welche sich für diesen Theil des Faches ausbilden wollen, die Arbeiten in einem Verwaltungsbezirk in Angriff nimmt.

Dem jetzigen Taxations-Kommissar fehlt „die Weihe", welche ihm die heilige Kraft und das nöthige Ansehen verleiht, die ihm die Stellung an der Spitze einer fortlebenden Behörde, welche dazu bestimmt ist die schwierigsten forstlichen Fragen zu lösen, sicher bringen wird.

Eine Vereinfachung der heutigen Betriebswerke dürfte schon deshalb anzustreben sein, damit ohne zu großen Kostenaufwand die 10jährige Nachprüfung der Wirthschaft eingehalten werden kann. Unnöthige Beigaben — um nur ein Beispiel anzuführen: eine besondere Dienstländerei-Nachweisung, welche schon in der Haupt-Vermessungstabelle enthalten ist, auch in den Dienstakten des Reviers geführt wird und gar nichts mit dem Forstbetrieb zu thun hat, auch noch viel Anderes — könnten wegfallen.

Der größte Werth ist auf den eigentlichen Betriebsplan zu legen, aus welchem mittels zweckmäßigen Vordruckes zu ersehen sein müssen:

a) die Flächenunterschiede der Altersklassen, wenn angezeigt, nach Betriebsklassen getrennt,
b) die Bodenart und Güteklassen der einzelnen Wirthschaftsflächen,
c) das Alter der Bestände und einzelnen Holzarten,
d) der Grad der Mischung und des Vollbestandes,
e) die ermittelten Holzmassen der Wirthschaftsflächen für die ersten 20 Jahre, getrennt nach den Holzarten und Derbholz und gegebenen Falles Reisig,
f) die Durchforstungserträge getrennt, nach Derbholz und Reis und nach fm für das ha,
g) die Einreihung aller übrigen Wirthschaftsflächen in die nachfolgenden Perioden des Umtriebes nach der Zeit ihrer Reife, jedoch ohne Verschiebung,
h) die Art und Reihenfolge der Hiebe,
i) die erforderlichen Kulturen, wenn angezeigt, die Art und Weise der Ausführung.

Wünschenswerth zur Bestimmung des Abnutzungssatzes ist eine Berechnung der durchschnittlichen Bodenklasse mit Berücksichtigung der verschiedenen Flächengrößen der einzelnen Abtheilungen und getrennt nach Betriebs- gegebenen Falles nach Holzarten. Entbehrlich ist ein besonderer Durchforstungsplan, weil er schon im Betriebsplan enthalten sein muß. Es ist eine Hauptaufgabe des Forsteinrichters, den Grad der Durchforstungen für das ha, gegebenen Falles durch Probehiebe, genau festzustellen und gemeinschaftlich zu vereinbaren, damit der Durchforstungsbetrieb nicht vernachlässigt aber auch nicht übertrieben wird.

Eine nachhaltige Wirthschaft für ein einzelnes Revier ist nur dann einzurichten oder zu erstreben, wenn bei dem darauf berechneten Abnutzungssatz zuwachslose oder arme Bestände, oder Flächen mit falschem Holzanbau zur richtigen Zeit zum Abtrieb gelangen können. Ist dies nicht der Fall, dann ist es richtiger die normale Abnutzungsfläche zu erweitern, als auf einen erhöhten Zuwachs zu verzichten.

Der Betriebsplan muß auch — worauf bisher kein Gewicht gelegt wurde — die Feststellung der Hiebzüge, auch die Reihenfolge der Abtheilungen bestimmen, unter Umständen auch die Art und Weise der Kulturen und die Behandlung der im gegenwärtigen Zustand zum Holzanbau nicht geeigneten Flächen, wie Ortstein, Moor-, Torf- und die in den obersten Schichten vollständig verarmten und verfilzten Flächen.

Die häufige Einwendung: das binde dem Revierverwalter die Hände und schwäche die Berufsfreudigkeit, ist grade das Gegentheil von der Wirklichkeit. Erst solche Betriebspläne, wonach der Oberförster die von ihm mitbestimmten Arbeiten auszuführen hat, macht ihn zum verantwortlichen selbstständigen Verwalter des Reviers, was er nach den Bestimmungen in Preußen sein soll. Der Oberförster, welcher sein Revier kennt, ist naturgemäß der wichtigste Mitarbeiter bei der Herstellung des Betriebswerks, seine Stimme ist von erheblichem Gewicht und wird sicher beachtet.

Die häufigste Klage der Oberförster ist grade der Mangel an Selbständigkeit, sie war schon wiederholt Gegenstand der Besprechung in Zeitschriften[1]).

Sie wird am meisten empfunden bei einem häufigen Wechsel der Regierungs-Forstbeamten, wenn heute diese, nach kurzer Zeit eine andere Anschauung zur Ausführung gebracht werden muß. In der neuesten Zeit machen sich namentlich beim Durchforstungsbetrieb die auseinandergehendsten Ansichten geltend, wogegen dem Oberförster kaum ein Mittel zu Gebot steht, die seiner Ansicht zuwider laufenden Ausführungen zu verhüten, denn nach § 8 der Geschäftsanweisung darf der Forstrath sich an der örtlichen Anweisung im Walde betheiligen. Dem letzteren ist auch kein Vorwurf zu machen, wenn er bei fehlender Gradbestimmung im Betriebswerk in gutem Glauben handelt, also die höhere Einsicht für die richtige hält.

Für beide Beamten ist ein nach den angedeuteten Grundsätzen aufgestellter und von allen Seiten mitbearbeiteter Betriebsplan, in welchem solche Bestimmungen nicht fehlen, der Schutz und Schirm vor allem Argen.

---

[1]) Forstliche Blätter, Zeitschrift für Forst- und Jagdwesen. 20. Jahrgang. Fünftes Heft. Mai 1883.

Die in einzelnen Oberförstereien beobachtete Liebhaber-Wirthschaft wird ein solcher Plan auch einschränken, sie giebt sich in manchen Uebertreibungen kund, der Verwaltungsbeamte ist nicht immer der allein schuldige Theil. Es sei nur auf den noch hier und da beliebten Pflanzkamp-Aufwand hingewiesen, dessen häufige Folge sich darin äußert, daß eine Menge Zöglinge, weil sie nicht verwendbar, auch nicht verwerthbar sind, zuletzt auf dem Scheiterhaufen ihr Ende finden.

Dem jungen Forstmann in Preußen fehlt die Gelegenheit, von dem, was er gelernt hat, ausgiebigen Gebrauch zu machen, er lernt von manchem Wissen die Nutzanwendung gar nicht kennen. Forsteinrichtung, Verwaltung und Oberaufsicht sind die naturgemäßen Ausbildungsstufen im forstlichen Leben. Derjenige, welcher diese in der Ausübung nicht kennen gelernt hat, dem mangelt die vollständige Ausbildung. Für die erste Stufe „die Forsteinrichtung“ fehlen die erforderlichen Behörden und dadurch die für diesen Zweig des Faches besonders ausgebildeten Beamten. Zur Umschau in der dritten Stufe werden gewöhnlich diejenigen Anwärter bestimmt, welche in den Prüfungen gute Noten erzielt haben. Die Wenigen, welche an eine Regierung berufen werden, lernen den Geschäftsgang und manches andere Wissenswerthe kennen. Diese Errungenschaften sind aber deshalb von besonderem Werth, weil sie die demnächstige Dienstführung eines solchen Oberförsters in besserem Licht erscheinen lassen, als die des Nachbars, welchem diese Ausbildung versagt geblieben, der aber im Walde vielleicht leistungsfähiger ist. Die forstliche Welt hält daher die Berufung an eine Regierung für den ersten Schritt zum forstlichen Parnaß, wer nur den rechten Weg einzuhalten versteht, verfehlt ihn selten ohne besondere Anstrengungen.

Die große Menge der übrigen Anwärter wird in der Verwaltung oder bei den unsteten Taxations-Kommissaren beschäftigt. Für diejenigen Fachgenossen, welche sich eine anregende Oberförsterei als ihr zu erreichendes Ziel gesteckt haben und in diesem Wirken ihre innere Zufriedenheit finden, erwächst aus dieser Sachlage kein Nachtheil, aber für viele Andere wirkt sie entmuthigend, weil für sie selten Gelegenheit geboten ist, wirkliche Fähigkeiten später als bei den Prüfungen zu erfolgreichem Ausdruck zu bringen.

In richtiger Gestaltung des Forsteinrichtungswesens ist ein Gegengewicht für dieses einseitige Streben nach Aufrücken in höhere Stellungen in der Verwaltung zu schaffen.

Daß es überhaupt in Preußen bisher fehlte, hat nicht allein den Fortschritt und die Entwickelung des Faches behindert, es fehlen ihm dadurch auch im Forsteinrichtungswesen durchgebildete Beamte.

Zu den dienstlichen Ausführungen der Forsteinrichtungsbehörden zählen:

a) Die feldmesserischen und Eintheilungsarbeiten, ihre Fortbildung und Erhaltung,

b) die Bodenuntersuchungen (Bodendurchschnitte) und die Feststellung aller zu dem Begriffe Standort zählenden Einwirkungen,

c) die Massenermittlungen von Einzelstämmen und ganzen Beständen,

d) die Feststellungen des Zuwachses und des Wachsthumsganges der Holzarten auf den verschiedenen Standorten, der Formzahlen und Erfahrungstafeln für Einzelgebiete bezw. einzelne Reviere.

e) die Ermittlungen der zweckmäßigsten örtlichen Umtriebszeiten,

f) die aus diesen Untersuchungen und Feststellungen sich ergebenden Wirthschaftsregeln für einzelne Verwaltungsbezirke, welche in dem gemeinsam mit den einschlagenden Verwaltungsbehörden aufzustellenden Betriebsplan ihren Ausdruck finden,

g) schließlich: die zeitabschnittliche Prüfung der Gesammtergebnisse der Wirthschaft und das Urtheil über die seitherige Dienstführung.

Wie nöthig die Sorge für die Erhaltungen der Eintheilungen und der sonstigen Ausführungen, namentlich bei dem Ausbau der Wegnetze ist, läßt sich am besten mit manchen neu eingerichteten Revieren beweisen. Statt der vorgesehenen, leicht und billig ausführbaren, auch von der Oberbehörde genehmigten Erwerbungen für tadellose Wegausgänge sind vielfach später ungünstige ausgebaut. Ob dem Oberförster oder dem Forstrath, oder beiden die Erwerbung nicht angenehm war, sei dahingestellt, nur diese Thatsachen und ähnliche stehen fest.

Es giebt kein zweites Fach, in welchem sich der einzelne Beamte die Dienstleistungen so nach seiner Bequemlichkeit oder verschiedener Neigungen zu Liebe einzurichten vermag, als im Forstfach. Der Oberförster, der doch wohl als Schwerpunkt der Verwaltung angesehen werden muß, kann durch angestrengte Arbeit heute, sich für morgen oder die nächsten Tage, ohne jede Dienstschädigung, frei machen, er kann auch einen gewissen Theil seiner Obliegenheiten von seiner Person durch Beschaffung guter Hilfskräfte abwälzen, auch die Draußenarbeiten durch Haltung eines vorzüglichen Gespannes auf kürzere Zeit zusammendrängen. Alles erlaubte, sogar unter Umständen erwünschte Mittel, welche den Beamten körperlich und geistig frisch erhalten.

Aber es giebt auch kein zweites Fach, in welchem ein bequemer Beamter so wenig zu leisten braucht, ohne einen Zusammenstoß mit den Disciplinargesetzen herbeizuführen. Nach dieser Richtung hin sind in allen Dienststellungen die Leistungen der Beamten schwer zu beaufsichtigen und zu beurtheilen.

Wenn schon öfter von der oberen Leitung im Forsthaushalt behauptet worden ist, ihr mangele die genaue Kenntniß über die Leistungen und Fähigkeiten ihrer Beamten, so darf als Hauptursache wieder die Diensteinrichtung bezeichnet werden, bei welcher eine von Nebeneinflüssen freie zutreffende Beurtheilung aller Beamten kaum möglich ist. Wenn eine solche den Mitarbeitern der Oberleitung obliegen sollte, dann wird von diesen Beamten zu viel, ja Unmögliches verlangt. In den großen Dienstbezirken fehlt einfach die Zeit zu eingehender Umschau. In Bayern ist die Zahl der Oberbeamten im Ministerium ebenso groß als in Preußen bei einer nahezu dreifach größeren, der Staatsforstverwaltung unterstellten Waldfläche.

Im Jahre 1815 nach der Zutheilung der Rheinprovinz an Preußen ließ man die mangelhafte rheinische Gemeindeforstverwaltung, wahrscheinlich aus politischen Gründen fortbestehen, nur die Beaufsichtigung und die Leitung wurde den Königlichen Oberbeamten übertragen.

Bis zum Jahre 1890 gab es noch Verwaltungsbezirke von 13800 ha heute sind noch solche von 9000 bis 10000 ha, vielfach in zerstückelter Lage, vorhanden.

Nach 75 Jahren unter dieser Beaufsichtigung und Leitung gab es noch Gemeindewaldungen von 719 ha Gesammtfläche mit 90 ha Waldblösen und 50 ha Räumden, und von 800 ha Größe, von welchen ein Viertheil aus Blösen, Räumden und zuwachslosen Orten bestanden.

Wer kann eine Diensteinrichtung vertheidigen, unter der solche Verhältnisse so lange bestehen bleiben konnten?

Ist es nicht eine gerechte Forderung der waldbesitzenden Gemeinden, daß mindestens für Bearbeitung guter Betriebswerke seitens einer verantwortlichen Behörde gesorgt und eine zeitweise Prüfung der Wirthschaft angeordnet wird?

Auch in volkswirthschaftlicher Hinsicht ist bei dem überwiegenden Privatwaldbesitz in Preußen (53 %) der Mangel einer Forsteinrichtungsbehörde sehr zu beklagen. Sämmtlichen Waldbesitzern wären die Erfahrungen und Feststellungen solcher Behörden in allen Landestheilen zu Gute gekommen.

Die Großgrundbesitzer können sich einigermaßen vor Schaden sichern durch die Entnahme tüchtiger Kräfte aus der Staatsforstverwaltung, aber die übrigen Besitzer, welche am meisten auf eine gute und richtige Behandlung ihres Waldvermögens sehen müssen, entbehren diese Beihilfe, welche ihnen nur durch die staatliche Einrichtung gewährt werden kann.

Zu diesem Zweig des Forstfaches werden sich weniger Anwärter finden, als zur Verwaltung. Alle, welche den Beruf gewählt haben, um sich eine angenehme Lebensstellung zu erwerben und diejenigen, welche hauptsächlich die Jagdneigung dem Fache zugeführt hat, scheiden vornweg aus, nur solche, welche auf die eigene Fortbildung und die des Faches Gewicht legen, an Naturkunde und Erforschung der Naturkräfte Freude haben, werden mit Liebe diesen Sonderberuf wählen.

Aus ihm werden sich auch unsere Lehrkräfte ergänzen.

Die Vorsteher solcher Forsteinrichtungsbezirke sind allerdings nicht auf Rosen gebettet, denn um alle Verantwortung für die wesentlichen Sachen übernehmen zu können, ist eine ständige Thätigkeit erforderlich, welche mit Entbehrungen mancher Art verknüpft ist und auch einen gesunden Körper fordert.

Um den Wandertrieb dieser Beamten von vorneherein zu entkräften, ohne dadurch der Sache selbst zu schaden, sind solche Wohnorte zu wählen, welche diesen nicht nähren, an welchen für die Familie Schulen und Bildungsanstalten sich befinden.

Ganz besonders wären die Universitätsstädte für Amtssitze geeignet, weil sie neben den Vortheilen für den Beamten und seine Familie auch der Sache nützen können, indem sie Gelegenheit für chemische und naturkundliche Untersuchungen und Feststellungen aller Art bieten können.

In diesem Theil der forstlichen Thätigkeit fallen die Dienststufen der Verwaltung selbstredend weg, es sind daher den Beamten bei fortschreitend zufriedenstellenden Leistungen die verschiedenen Rangstufen schon deshalb nicht vorzuenthalten, weil vom wissenschaftlichen und wirthschaftlichen Standpunkt aus betrachtet, der Forsteinrichtungsbeamte bei gleicher Fähigkeit, Berufstreue und gleichem Fleiße, dem Verwaltungsbeamten gegenüber, den möglichst hohen Grad forstlicher Ausbildung mit Naturnothwendigkeit erreichen wird.

Wenn auch in einem großen Staate Aenderungen und Neuerungen in der Diensteinrichtung schwieriger durchzuführen sind, als in einem kleinen Lande, so liegen doch für die Schaffung von Forsteinrichtungsstellen die Verhältnisse in Preußen günstig, weil sich in dem Gange der Ausführung nichts ändert. Statt der ständig wechselnden sog. Taxations-Kommissare wären nur seßhafte Beamten zu bestellen.

Auch in dem Ministerium wird die Aenderung kaum fühlbar werden. Bei der Oberleitung des Faches ändert sich gar nichts, die ohnehin sehr geringe Zahl der Forst-Ministerialräthe würde um ein oder zwei Beamte, welche als vortragende Räthe für diesen Sonderzweig zu bestellen sind, zu erhöhen sein, und im Lande wären soviele Vorstände der Forsteinrichtungsbezirke zu ernennen, als für angemessen erachtet wird.

Welche Zahl solcher Bezirke zu schaffen sein wird, ob zehn genügen oder fünfzehn entsprechender sein werden, läßt sich am richtigsten erst nach gemachten Erfahrungen endgiltig feststellen.

Fehlen augenblicklich geeignete Kräfte in genügender Anzahl, dann kann mit der Einrichtung der Bezirke schrittweise vorangegangen werden.

Weil die Dienststufen der Verwaltung hier fehlen, kann ein solches Amt auch mit einem verhältnißmäßig jungen Beamten besetzt werden, sobald er die Ausbildungsstufen: Forsteinrichtung, Verwaltung und Oberaufsicht durchlaufen, genau kennen gelernt hat und für geeignet erachtet wird, denn ob ein solches Amt mit einem Oberförster, Forstrath oder Oberforstmeister besetzt ist, ändert an der Sache selbst nichts, sobald es nur der geeignete Mann ist.

Es würde den Ausbildungsgang im Forstfach in Preußen beschleunigen, die Ausbildung selbst nicht schädigen und die Forstassessoren möglichst jung in die wichtige Stellung als Revierverwalter bringen, wenn das Lehrjahr wegfallen und die Zeit zwischen der ersten und der Staatsprüfung durch feste Einreihung in die verschiedenen Dienstzweige ausgefüllt würde.[1])

Zwecks Einblickes in die verschiedenen Landestheile könnte bei dieser Einreihung gebührende Rücksicht genommen werden.

---

[1]) Siehe auch v. Bentheim „Anregungen zur Fortbildung von Forstwirthschaft und Forstwissenschaft", 1901.

Anhang 1. **Wege=**

Nr. der Wege	Bezeichnung der Wege	Es werden berührt: die Abtheilungen Namen	Nr.	auf m Länge	mit % Neig. + od. —	Es sind zu sichern als E=Wege der Ebene, G=Wege des Gebirgs	Bemerkungen über Kreuzungen der Wegelinien u. s. w.	Ganze Länge m
1	2	3	4	5	6	7	8	9
7	Weitersbacherweg beginnt am Ausgang nach Weitersbach zwischen Grenzstein $\frac{507}{508}$, endet im Sattel Stipshauserweg, Weg Nr. 18.		234	430	+ 5	G.		5264
			235	400	„	„	Abgang Weg Nr. 5	
			236	773	„	„	Schnitt mit Weg Nr. 6	
			228	655	„	„		
			229	380	„	„		
			230	247	„	„	Schnitt mit Weg Nr. 8	
			223	68	+ 4	„		
			224	680	„	„		
			225	400	„	„	Schnitt mit Weg Nr. 9	
			220	256	+ 3	E.		
			180	400	„	„		
			181	400	„	„		
			182	175	0		Grenzrandweg	

Verzeichniß.

(Abschnitt III, 10.)

Land-Straßen m	Landwege: mit Steinbahn m	Landwege: ohne Steinbahn m	Landwege: neu abgesteckt m	Waldwege: alte beibehaltene m	Waldwege: neu abgesteckte m	Abtheilungsgrenzwege m	Zu sichern als Wege: der Ebene m	Zu sichern als Wege: des Gebirges m	Ausbau der Wege: im Wirthschafts-Jahr	Ausbau der Wege: auf m Länge	Ausbau der Wege: Kostenbetrag ℳ	Ausbau der Wege: Kostenbetrag ₰	Bemerkungen
10	11		12	13	14	15	16	17	18	19	20		21
		1600			3664		1231	4033	1890	1000 zu 1 m u. s. w.	1000	—	

(Vielleicht können die Spalten 7, 16, 17 erspart werden.)

Anhang 2.

Das Auftragen der Nummern auf die Jagensteine.

(Abschnitt IV, 2.)

Hierzu sind folgende Sachen erforderlich:

Leinölfarbe von Bleiweiß,
Leinölfarbe von Kienruß,
Leinölfirniß,
Terpentinöl,
ein mittelgroßer Pinsel zum Anstrich der weißen Schilder,
ein kleiner, platter Pinsel zur schwarzen Umrändung,
ein kleiner Pinsel zum Herstellen der Ziffern,
ein kleiner Pinsel zur Ergänzung von Fehlstellen auf der weißen Fläche,
eine Drahtbürste,
eine Bürste von Borsten,
Muster für die weißen Schilder,
Ziffermuster 0 bis 9.

Die Größe und Stellung der Schilder und Ziffern ist aus den Zeichnungen zu ersehen und zu entnehmen. Für den Gebrauch im Walde sind Muster aus dünnem, festem Aktendeckelpapier den Zeichnungen gemäß herzustellen.

Der Anstrich darf nur bei trockenem Wetter und nur auf trockene, glatt behauene und gut gereinigte Steinflächen ausgeführt werden.

Bei Verwendung neu behauener Steine nimmt man zuerst zur gründlichen Reinigung der Nummerplatten eine Drahtbürste, dann zum Entfernen von Staub eine gewöhnliche Bürste von Borsten. Bei Verwendung von Basaltsteinen, mit einer äußeren, schorfartigen verwitterten

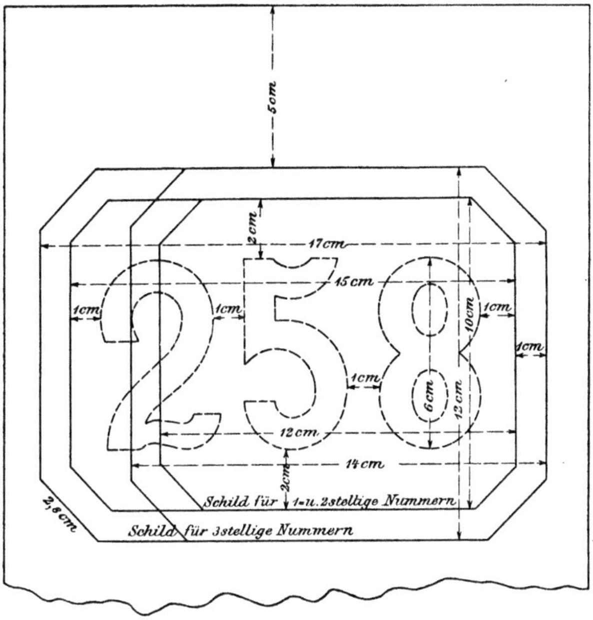

Die Zahlen sind in die Mitte der Platten zu setzen, bei mehrstelligen unter sich 1 cm von einander Die Höhen- und Breitenmaße der Nummerplatten — 12 cm und 17 cm bezw. 14 cm — sowie die Höhe der Ziffern — 6 cm —, wie sie bei der Ausführung im Walde gefertigt werden müssen, sind in der verkleinerten Zeichnung der Nummerplatten auch angegeben.

Fig. 29.

Fig. 30.

Rinde, oder bei Benutzung älterer behauener Steine reinigt man die Nummerplatten am besten zuerst mit einem scharfen Meißel, dann mit den Bürsten.

Zum Streichen der weißen Schilder ist die Oelfarbe mit Firniß ziemlich stark zu verdünnen, sie darf das erstemal nicht zu dick aufgetragen werden. Weil der Stein Firniß aufsaugt, leidet die Haltbarkeit des Auftrages, falls die Farbe nicht genügend verdünnt wird. Sobald der erste Anstrich des Schildes trocken ist, wird der zweite und letzte Anstrich ausgeführt. Die schwarze Farbe ist nur wenig zu verdünnen, damit sie genügend deckt. Nach dem letzten Anstrich des Schildes ist die schwarze Umrändung herzustellen. Erst wenn die Schilder trocken sind geschieht der Auftrag der Ziffern.

Um das Austrocknen (mit Bildung einer Haut) der Farben in den Gefäßen zu verhindern, sind dieselben nach dem Gebrauch mit einer dünnen Schicht Terpentinöl zu übergießen.

Die Pinsel dürfen nie austrocknen, sie werden nach dem Gebrauch gut ausgestrichen, mit Terpentinöl gereinigt und in einem Gefäß mit Wasser aufbewahrt. Auch die Muster für die Schilder und Ziffern können mit Terpentinöl gereinigt werden.

GPSR Compliance

The European Union's (EU) General Product Safety Regulation (GPSR) is a set of rules that requires consumer products to be safe and our obligations to ensure this.

If you have any concerns about our products, you can contact us on ProductSafety@springernature.com

In case Publisher is established outside the EU, the EU authorized representative is:

Springer Nature Customer Service Center GmbH
Europaplatz 3
69115 Heidelberg, Germany

Batch number: 10682325

Printed by Printforce, the Netherlands